AI
虚拟
数字人

商业模式 + 形象创建 + 视频直播 + 案例应用

李军仁 / 编著

清华大学出版社
北 京

内容简介

本书以实战案例为主，通过以下4篇内容，帮助读者完成AI虚拟数字人从入门到精通的学习。

商业模式篇：介绍了AI虚拟数字人的前景、价值、原理、应用、产业链、商业模式等内容。

形象创建篇：介绍了生成虚拟数字人的工具和平台，以及使用主流软件剪映和腾讯智影生成与设置数字人的过程。

视频直播篇：介绍了数字人的视频直播素材和效果的制作与剪辑，丰富画面的各类效果。

案例应用篇：通过《人生哲理播报》《抖音电商带货》《戏曲知识口播》《延时摄影攻略》4个大型案例，介绍了数字人在心理学、电商、教育和摄影等领域的实战应用。

本书适合对象：一是对AI虚拟数字人感兴趣的读者和初学者；二是想要制定虚拟形象的博主，如直播主播、短视频博主、电商商家等；三是需要制定虚拟偶像、游戏角色的娱乐和文化产业；四是想要强化营销效果的商家和企业；五是可作为高校相关专业的参考教材。

本书赠送了书中案例的教学视频、素材文件、效果文件和教学课件，读者可扫描书中二维码及封底的"文泉云盘"二维码，在线观看学习并下载素材。

图书在版编目（CIP）数据

AI虚拟数字人：商业模式+形象创建+视频直播+案例应用 / 李军仁编著．—北京：清华大学出版社，2024.5（2025.4重印）

ISBN 978-7-302-66326-3

Ⅰ．①A… Ⅱ．①李… Ⅲ．①虚拟现实 Ⅳ．①TP391.98

中国国家版本馆CIP数据核字（2024）第106418号

责任编辑：杜春杰
封面设计：秦　丽
版式设计：文森时代
责任校对：马军令
责任印制：丛怀宇

出版发行：清华大学出版社
　　　网　　　址：https://www.tup.com.cn，https://www.wqxuetang.com
　　　地　　　址：北京清华大学学研大厦A座　　　　邮　　　编：100084
　　　社 总 机：010-83470000　　　　邮　　　购：010-62786544
　　　投稿与读者服务：010-62776969，c-service@tup.tsinghua.edu.cn
　　　质 量 反 馈：010-62772015，zhiliang@tup.tsinghua.edu.cn
印 装 者：三河市龙大印装有限公司
经　　销：全国新华书店
开　　本：185mm×260mm　　　印　　张：13.75　　　字　　数：318千字
版　　次：2024年6月第1版　　　　　　　　　　　印　　次：2025年4月第2次印刷
定　　价：89.80元

产品编号：104845-01

PREFACE 前言

创作背景

本书着重以实践为导向，希望通过理论知识、案例实操、教学视频等内容，帮助读者了解 AI 虚拟数字人效果视频的制作方法与实际应用，下面是创作这本书的主要背景。

一、政策背景

在党的二十大报告中，提出了"三个第一"，即科技是第一生产力、人才是第一资源、创新是第一动力，把科技、人才、创新的战略意义提升到新的高度。本书所讲解的人工智能技术这一内容，在这些发展战略中起到不可替代的作用，是推动这些战略实施的重要手段。通过培养更多的人工智能方面的人才，推动人工智能技术在各个领域的应用，可以有效地促进经济发展和社会进步。

二、市场需求

随着科技的迅速发展，数字人已经成为当今市场的一大热点。国际数据公司（International Data Corporation，IDC）的相关报告显示，全球数字人市场预计在未来几年内将以每年 12.4% 的速度增长，到 2025 年将达到 240 亿美元。在这个迅速增长的市场中，AI 虚拟数字人的应用将成为关键的推动力。

三、行业背景

随着"人工智能技术 + 互联网"的不断发展，市场上关于 AI 的话题愈变愈热，AI 在教育、电商、娱乐、游戏等众多领域全面发展。在新颖和潮流的双重作用下，AI 虚拟数字人受到越来越多的行业、从业人员等的关注，AI 虚拟数字人的制作与应用需求不断扩大。本书为读者提供了制作 AI 虚拟数字人效果的具体方法和技巧，能帮助读者实现制作需求。

四、前景机遇

AI 虚拟数字人具有广泛的应用前景，随着科技的不断进步，这一领域蕴藏着巨大的发展潜力。因此，笔者决定编写这本书，分享自己的见解和经验，希望帮助读者了解和掌握 AI 虚拟数字人的相关知识技能，为个人或企业的发展带来新的机遇和挑战。

本书内容

本书按照以下两条线展开。

一条是理论知识线：详细介绍了 AI 虚拟数字人的基础知识，包括相关概念、应用前景、技术原理、商业模式、生成工具、创作平台等内容，比较详细地介绍了腾讯智影、剪映、文心一格等虚拟数字人创建工具，帮助读者打好理论基础，掌握核心原理。

一条是实战案例线：详细介绍了 AI 虚拟数字人效果的制作方法和技巧，主要包括 32 个实战案例解析。其中，又以《人生哲理播报》《抖音电商带货》《戏曲知识口播》《延时摄影攻略》4 个数字人视频效果为例，完整介绍了 AI 虚拟数字人在心理学、电商、教育、摄影等领域的实际应用，帮助读者掌握 AI 虚拟数字人的实际商用。

本书特色

相比市面上其他更多介绍 AI 数字人的入门书籍，本书具有以下四大特色。

① 知识齐全

从 AI 虚拟数字人的概况、价值与模式，到创作平台、制作软件、行业应用，内容完整、应有尽有。

② 实战案例

32 个实战案例，实操实练，能让读者快速上手，并举一反三，创作出新颖、独特、火爆的 AI 虚拟数字人效果。

③ 视频教学

70集教学视频，扫描二维码可随时随地全程查看操作过程，有效解决问题、难点，让学习更轻松、高效。

④ 资源赠送

80多个素材效果文件+150多页PPT教学课件等资源，扫码即用，可以帮助读者轻松、快速实现多种效果的产出。

特别提示

（1）版本更新：本书是基于剪映专业版4.8.0版本截取的实际操作界面，但本书从编辑到出版需要一段时间，在此期间软件中的功能和页面布局可能会有变动，请在阅读时，根据书中的思路举一反三进行学习。

（2）会员功能：腾讯智影的"数字人直播"功能，需要开通"直播体验版"或"真人接管直播专业版"会员才能使用。另外，腾讯智影的部分数字人也需要开通"高级版会员"或"专业版会员"才能使用。

（3）提示词的使用：提示词也称为关键词、指令、描述词或创意，即使是相同的提示词，各种AI工具每次生成的文字或图像内容也会有所差别。

（4）"虚拟数字人"可以简称为"数字人"，为了避免混淆，书中在讨论时会根据具体语境选择合适的术语。

作者售后

本书由李军仁编著，参与编写的人员还有苏高、刘芳芳等，在此表示感谢。由于作者知识水平有限，书中难免有疏漏之处，恳请广大读者批评、指正。读者可扫描封底的"文泉云盘"二维码获取作者的联系方式，与我们交流。

编　者

2024.4

目录
CONTENTS

【商业模式篇】

【形象创建篇】

第 4 章　剪映：个性化设置数字人的形象 041

第 5 章　腾讯智影：生成数字人视频与主播 063

【视频直播篇】

第 6 章　制作：编辑数字人的视频直播素材 ·················· 098

【案例应用篇】

商业
模式篇

第**1**章 初识：
掌握 AI 虚拟数字人的概况

学习提示

在当今数字化时代，人工智能（artificial intelligence，AI）技术正逐渐成为推动社会发展、改善人民生活的重要力量。其中，AI 虚拟数字人作为一种创新的应用形式，已经引起了广泛的关注。

AI 虚拟数字人是指通过人工智能技术构建的，具有人类外貌、行为和情感特征的数字化形象。它们可以在各种场景中提供服务，如娱乐、教育、医疗、客户服务等。本章将介绍 AI 虚拟数字人的基本概况，以帮助大家更好地了解这一前沿技术的应用。

1.1 新手入门，学习基础知识

随着科技的快速发展，我们的世界正在经历数字化、虚拟化的变革。在这样的时代背景下，虚拟数字人应运而生，且在各个领域发挥着越来越重要的作用。本节将带领大家了解虚拟数字人的基础知识，主要包括基本定义和主要亮点。

1.1.1 基本定义

虚拟数字人（digital human/meta human）是运用数字技术创造出来的、与人类形象接近的数字化人物形象。虚拟数字人拥有与真人形象接近的外貌、性格、穿着等特征，同时具备数字人物身份与虚拟角色身份等特征，可作为虚拟偶像、虚拟主播、虚拟客服等角色参与到各类社会活动中。

虚拟数字人的出现得益于人工智能技术的不断发展。例如，2007 年世界上第一个使用全息投影技术举办演唱会的虚拟偶像"初音未来"、2012 年中国本土偶像"洛天依"的诞生（见图 1-1），以及 2023 年在杭州举行的第 19 届亚洲运动会开幕式上使用的数字人火炬手。

图 1-1

如今，虚拟数字人已慢慢走进人们的生活，不仅有助于推动现实社会中的活动与交互方式的发展，同时对人们的工作和生活也有着潜在的影响和挑战。

1.1.2 主要亮点

在数字化时代，一种新型的技术产物——虚拟数字人正在迅速崭露头角，它们以独特的优势和无限的可能性，引领着未来科技的发展潮流。虚拟数字人的出现与发展，大大促进了虚拟人物在社会各领域中的应用，其主要亮点如图 1-2 所示。

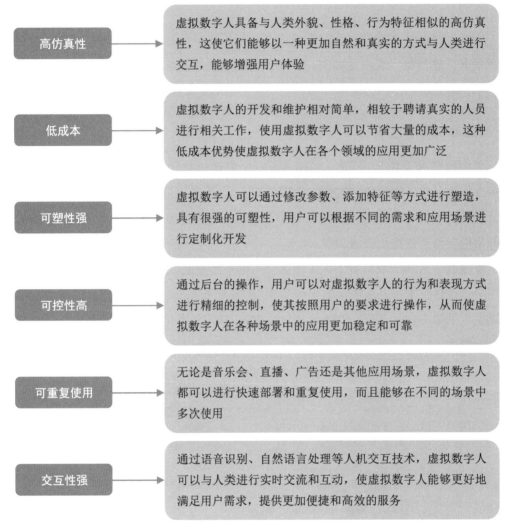

高仿真性 ➜ 虚拟数字人具备与人类外貌、性格、行为特征相似的高仿真性，这使它们能够以一种更加自然和真实的方式与人类进行交互，能够增强用户体验

低成本 ➜ 虚拟数字人的开发和维护相对简单，相较于聘请真实的人员进行相关工作，使用虚拟数字人可以节省大量的成本，这种低成本优势使虚拟数字人在各个领域的应用更加广泛

可塑性强 ➜ 虚拟数字人可以通过修改参数、添加特征等方式进行塑造，具有很强的可塑性，用户可以根据不同的需求和应用场景进行定制化开发

可控性高 ➜ 通过后台的操作，用户可以对虚拟数字人的行为和表现方式进行精细的控制，使其按照用户的要求进行操作，从而使虚拟数字人在各种场景中的应用更加稳定和可靠

可重复使用 ➜ 无论是音乐会、直播、广告还是其他应用场景，虚拟数字人都可以进行快速部署和重复使用，而且能够在不同的场景中多次使用

交互性强 ➜ 通过语音识别、自然语言处理等人机交互技术，虚拟数字人可以与人类进行实时交流和互动，使虚拟数字人能够更好地满足用户需求，提供更加便捷和高效的服务

图 1-2

1.2 应用前景，了解潜在价值

虚拟数字人在日常生活中不断发展，在给我们带来方便的同时，也使我们面临许多未知的挑战。了解虚拟数字人的应用前景，发现并恰当利用其潜在价值，能够为我们的生活带来更多意想不到的惊喜。本节将带领大家深入了解虚拟数字人在现代社会

中的价值和潜力，主要包括虚拟数字人的应用领域、机遇与挑战、困境与考验。

1.2.1 应用领域

随着技术的不断发展，虚拟数字人的功能和性能也将不断提升，为我们的生活和工作带来更多的改变。无论是在娱乐、教育、医疗还是其他领域，虚拟数字人的应用都将不断扩展，并成为未来数字化时代的重要一环。

虚拟数字人的应用领域非常广泛，主要应用领域如下。

（1）娱乐和游戏：这是虚拟数字人最广为人知的应用领域之一，如虚拟偶像、虚拟歌手等在音乐会、演唱会上亮相，与粉丝进行互动，为观众带来了全新的娱乐体验。图 1-3 所示为字节跳动公司推出的虚拟偶像女团 A-SOUL。

图 1-3

（2）医疗和健康：如虚拟护理员，可以为患者提供更加贴心和便捷的护理服务；再如通过虚拟数字人进行健康咨询、康复训练等，可以减轻医护人员的工作压力，提高患者的生活质量。

（3）客户服务和营销：虚拟客服可以为企业或单位提供更加高效、便利的客户服务，通过虚拟数字人充当在线客服，可以提高客户服务的效率和质量，同时也可以降低运营成本。

（4）教育和培训：虚拟教师和虚拟辅导员可以为学生提供更为灵活和多样化的学习方式，通过虚拟数字人进行辅导、答疑解惑，如图 1-4 所示，可以增强学习的互动性和趣味性，提高学生的学习兴趣和效果。

图 1-4

（5）影视和媒体：虚拟记者、虚拟主持人在新闻报道、电视节目等领域越来越常见，如图 1-5 所示，它们可以快速传递信息，提高节目的互动性和观赏性。

图 1-5

（6）社交和直播：在社交媒体和直播平台上，虚拟主播、虚拟网红等越来越受欢迎，它们与粉丝进行互动，分享生活和娱乐内容，为观众带来了全新的社交体验，如图 1-6 所示。

图 1-6

1.2.2 机遇与挑战

随着人工智能、虚拟现实（virtual reality，VR）和增强现实（augmented reality，AR）等技术的不断发展，虚拟数字人的外貌、性格、行为特征等将更加逼真、自然，交互能力和可控性也将得到进一步提升。

与此同时，虚拟数字人的应用领域也在不断扩展。未来，除了娱乐、教育、医疗、客户服务等传统领域，虚拟数字人还可能被应用于智能家居、智能交通、工业生产等新的领域，为用户提供各种各样的服务。

例如，宝马 i Vision Dee 是一款可以与车主交谈的概念车，它不仅可以通过其双肾格栅做出诸如喜悦、惊讶、赞同等不同的"面部"表情，还可以在车窗上展示驾驶者的虚拟形象。

虚拟数字人作为一种新型的商业形态，具有非常高的商业价值。未来，随着虚拟数字人技术的不断发展和应用领域的扩展，其商业价值将进一步得到提升，甚至还可以作为数字资产被企业拥有和管理，为企业创造更多的利润。

另外，虚拟数字人与现实人物之间的界限也将变得越来越模糊，二者之间将产生更多的互动和交融，这种跨界融合将为虚拟数字人的发展带来更多的可能性。同时，人们对虚拟数字人的认可度将不断提高，越来越多的人开始接受和使用虚拟数字人，并将其作为自己生活和工作中不可或缺的一部分。

总的来说，虚拟数字人的发展前景非常广阔，它将在各个领域发挥越来越重要的作用。虽然目前虚拟数字人还存在一些不足，但这正是虚拟数字人面临的机遇与挑战，随着技术的不断进步，相信这些问题也将逐渐得到解决。

1.2.3　困境与考验

尽管虚拟数字人的前景看起来光明无限，但它在现实中面临的一些困境和考验却不容忽视，包括技术难题、数据隐私和安全、法规和政策、社会接受度、商业价值变现等，具体内容如下。

(1) 技术难题：尽管虚拟数字人技术已经取得了显著的进步，但在一些关键领域，如表情的生动性、语音的流畅性和自然性、与现实世界的交互能力等方面，仍存在许多技术难题需要攻克。

(2) 数据隐私和安全：虚拟数字人需要大量的数据进行训练和改进，然而这些数据可能包含用户的个人信息和其他敏感信息，如何在训练和使用虚拟数字人的同时，保护用户的隐私和数据安全，是一个需要大家重视的问题。

(3) 法规和政策：虚拟数字人的发展可能会涉及许多新的法规和政策。例如，在虚拟数字人的创造和使用过程中，如何保护知识产权？相关问题的答案尚不明确，需要法规和政策制定者进行深入的研究和讨论。

(4) 社会接受度：虚拟数字人是一种新的事物，一些人可能对虚拟数字人感到好奇，也有一部分人可能对它们感到担忧。如何进一步提高社会大众对虚拟数字人的接受度，是一个需要在更广泛的范围内进行讨论的问题。

(5) 商业价值变现：前面说过虚拟数字人有很高的商业价值，但如何有效地将这种价值转化为实际的商业利益，也是一个很大的挑战。虚拟数字人的创造者和使用者需要找到一种可持续的商业模式，以支持虚拟数字人的进一步发展。

1.3　技术支撑，了解原理与应用

虚拟数字人是一种由计算机技术、图像处理技术、人工智能技术和深度学习技术等集成的先进技术产物，它们能在各种场景下模拟人类的外貌、行为和声音，甚至能实现与现实世界的交互和信息共享。

总的来说，虚拟数字人的技术基础是一个多元化且复杂的概念，它涉及多种技术的集成和交叉运用。然而，正是这些技术的不断发展，使虚拟数字人在更多领域中得到了应用，同时也带来了更多的可能性。

本节将详细探讨虚拟数字人的技术基础，希望大家对虚拟数字人的技术原理和应用有更深入的理解和认识。

1.3.1 计算机技术

计算机技术是指利用计算机硬件和软件，以及相关的技术和方法，对数据进行处理、传输、存储和显示的一类技术。在虚拟数字人领域，计算机技术主要被用于虚拟数字人物的创建、渲染和交互，以提供更为真实和沉浸式的虚拟体验，具体来说包括以下几个方面。

（1）三维（three dimensions，3D）建模和渲染：利用计算机技术，可以对虚拟数字人的外貌进行精细化的处理和渲染，以实现更为逼真的视觉效果。例如，通过实时 3D 创作工具 MetaHuman，可以创建人物的 3D 模型，并对其外观、姿势、表情等进行调整和渲染，从而创造出一系列真正多元化的角色，如图 1-7 所示。

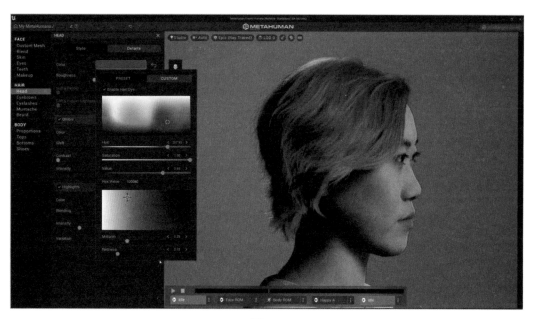

图 1-7

（2）动画和行为生成：利用计算机技术，可以生成虚拟数字人的动态行为和表情，这可以通过计算机动画、物理引擎、运动捕捉等技术实现。例如，通过运动捕捉技术，可以将真人的动作和表情捕捉并转化为数字信号，再将这些信号应用到虚拟数字人身上。

（3）语音合成和识别：计算机技术可以合成语音，也可以识别语音。在虚拟数字人领域，计算机技术可以用于生成真人的语音，也可以用于识别用户的语音输入，实现与虚拟数字人的交流。

（4）交互和响应：虚拟数字人需要能够与用户进行交互和响应，通过计算机技术，可以实现对用户输入（如文字、动作、表情等）的识别和理解，并让虚拟数字人做出相应的回应。

总之，计算机技术在虚拟数字人领域中发挥了重要作用，从模型的建立与渲染，到动画与行为的生成，再到语音的合成与识别，以及最后的交互与响应，都离不开计算机技术的支持。随着计算机技术的不断发展，它在虚拟数字人领域中的应用也将越来越广泛和深入。

1.3.2 图像处理技术

图像处理技术是一种利用计算机对图像进行分析、处理和转换的技术。在虚拟数字人领域中，图像处理技术主要被用于处理虚拟数字人的图像信号，以达到更为逼真和生动的视觉效果，具体包括以下几个方面。

（1）特征提取和识别：图像处理技术可以提取真实人物的特征，并进行识别，这可以通过计算机视觉技术来实现。例如，通过对面部特征的提取和识别，可以让虚拟数字人做出与人类相似的表情和情感反应，相关示例如图 1-8 所示。

图 1-8

(2) 图像增强和美化：图像处理技术可以对虚拟数字人的图像进行增强和美化，让虚拟数字人有更强的真实感。例如，通过对图像的色彩、亮度、对比度等进行调整，可以让虚拟数字人的肤色、服装等更加真实。

(3) 图像信号处理：虚拟数字人的图像信号需要经过计算机的处理才能实现逼真的视觉效果，这可以通过图像处理技术中的信号处理方法来实现。例如，通过数字滤波技术，可以去除图像中的噪声和干扰，提高图像的质量。

(4) 场景重建：图像处理技术可以用于场景重建，以构建逼真的虚拟环境，这可以通过计算机图形学中的 3D 建模和渲染技术实现。例如，通过对现实场景进行 3D 扫描和渲染，可以生成与现实世界相似的虚拟场景，相关示例如图 1-9 所示。

图 1-9

1.3.3 人工智能技术

人工智能是研究、开发用于模拟、延伸和扩展人的智能的理论、方法、技术及应用系统的一门新的技术科学，它试图了解智能的实质，并生产出一种新的能以人类智能相似的方式做出反应的智能机器，该领域的研究包括机器人、语言识别、图像识别、自然语言处理和专家系统等。

在虚拟数字人领域，人工智能技术的具体应用包括以下几个方面。

（1）对话和交互：人工智能技术可以通过自然语言处理和语音识别技术，让虚拟数字人能够理解和回应人类输入的信息，从而实现更为真实自然的对话和交互效果。例如，用户可以使用文心一言 App 与机器人进行语音交流，如图 1-10 所示。

图 1-10

（2）行为和情感：人工智能技术可以利用深度学习和机器学习技术，模拟人类的真实情感反应和行为模式，从而让虚拟数字人能够表达情感、做出决策和完成任务等，实现更为拟人化的行为模式。

（3）优化和升级：人工智能技术可以通过自我学习和自我优化，不断提升虚拟数字人的性能和表现，使其更加智能、逼真和完善。

1.3.4 深度学习技术

深度学习是机器学习技术的一种，它通过构建多层神经网络来模拟人类的神经系统，从而实现对大量数据的自动分类和预测。深度学习技术的最大特点是利用多层次的特征提取和组合来实现高效的数据处理，它可以通过前向传播算法，将输入的数据通过多层神经网络，一层一层地进行特征提取和组合，最终得出分类或预测结果。

深度学习技术的应用领域非常广泛，包括自然语言处理、图像识别、语音识别、智能推荐等。例如，ChatGPT 就是一种采用深度学习技术的自然语言处理模型，它采用了预训练的语言模型生成式预训练（generative pre-trained transformer，GPT）来进行对话生成，可以理解自然语言的语义和语法，并用于生成自然语言文本。

此外，深度学习技术还可以用于虚拟数字人的姿态估计和行为生成，从而实现更为真实的虚拟人物表现。在虚拟数字人的声音合成方面，深度学习技术也可以用于学习和模拟真实人类的声音特征，从而让虚拟数字人的声音效果更加逼真。

本章小结

本章主要向读者介绍了 AI 虚拟数字人的相关基础知识，具体内容包括虚拟数字人的基本定义、主要亮点、应用领域、机遇与挑战、困境与考验，以及计算机技术、图像处理技术、人工智能技术、深度学习技术等技术原理。通过对本章的学习，读者能够更好地认识 AI 虚拟数字人。

课后习题

鉴于本章知识的重要性，为了帮助读者更好地掌握所学知识，本节将通过课后习题，帮助读者进行简单的知识回顾和补充。

1. 虚拟数字人的应用领域有哪些？
2. 图像处理技术的概念是什么？

第2章

商业：
了解虚拟数字人的价值与模式

学习提示

　　随着元宇宙概念的迅速升温，虚拟数字人再次成为人们关注的焦点，从早期的"初音未来"到现在的虚拟数字人直播带货，虚拟数字人在不断适应新环境并发展出越来越多的新功能。本章将深入剖析虚拟数字人行业，包括产业链、商业价值以及商业模式等方面。

2.1 行业探讨，分析产业链

虚拟数字人如今已经渗透到各个领域，成为一股不可忽视的力量。虚拟数字人不仅在娱乐和游戏领域大放异彩，更是在商业营销、虚拟助手、智能客服等众多领域展现出强大的应用潜力。

当然，虚拟数字人的繁荣发展离不开一个健全的产业链，那么这个产业链又涵盖了哪些方面呢？本节将对虚拟数字人的产业链进行深入探讨和分析。

2.1.1 产业链上游

虚拟数字人的产业链上游是整个行业的基础和核心所在，主要涉及与虚拟数字人相关的基础软硬件工具的开发和制作。在这个领域中，企业的定位是提供底层平台工具，为虚拟数字人的创建和应用提供必要的技术支持和工具性支撑。

在虚拟数字人的产业链上游，企业需要重点关注工具类产品的研发和制作，如Unity、Unreal Engine 等渲染工具，3ds Max、Maya 等建模工具，以及动作捕捉、扫描类的光学器件等。这些工具在虚拟数字人的制作过程中起着至关重要的作用，因此对于企业来说，需要不断地优化和提升这些工具的性能和功能，以满足用户对于虚拟数字人越来越高的要求。

例如，Unreal Engine 是一款功能强大的游戏引擎工具，同时也被广泛应用于虚拟人物的创作和渲染。它提供了先进的图形技术和工具，能够创造逼真的虚拟人物，并将其置于交互式的虚拟环境中，为人们带来了极致的游戏体验，如图 2-1 所示。

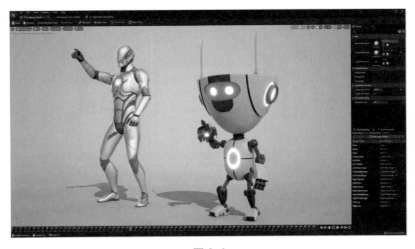

图 2-1

虚拟数字人产业链上游的特点是技术壁垒较高，这意味着企业需要投入大量的资金和人力进行研发和创新，以保持在这个领域的领先地位。目前，该领域已经被一些头部企业占据，对于后入场者来说，需要细分好技术赛道，寻找与头部企业合作的机会，以进入这个市场并获得一定的市场份额。

2.1.2　产业链中游

虚拟数字人的产业链中游主要涉及软硬件系统、生产技术服务平台、AI 能力平台等，这些平台为虚拟数字人的制作和开发提供了强大的技术能力。在这个环节中，企业的定位是提供软件即服务（software as a service，SaaS）平台，即通过提供技术服务和完整的技术解决方案，帮助用户快速构建和应用虚拟数字人。

在虚拟数字人的产业链中游，企业需要重点关注技术集成和整体解决方案的输出，通过提供一站式的平台服务，帮助用户快速创建和部署虚拟数字人，并为用户提供稳定可靠的技术支持。

目前，诸多互联网大厂，如百度、阿里巴巴、腾讯、字节跳动，以及一些头部 AI 企业如科大讯飞、商汤科技等均开始布局完整的平台层能力。这些企业通过强大的技术实力和丰富的业务场景，为虚拟数字人的制作和应用提供了更多可能性。同时，也有很多垂直型的虚拟数字人初创企业正在进入该领域，通过不断拓展和创新，为虚拟数字人的发展注入了新的活力。

例如，由科大讯飞推出的讯飞智作就是一个功能强大的生成式人工智能（artificial intelligence generated content，AIGC）内容创作平台，同时推出了 AI 虚拟数字人交互平台（见第 3 章），可以为用户提供虚拟数字人的应用服务。图 2-2 所示为通过讯飞智作平台制作的虚拟主播视频。

图 2-2

虚拟数字人的产业链中游具有很强的技术壁垒，需要企业具备扎实的研发实力和深厚的技术积累。随着数字人技术的不断进步和应用场景的不断扩展，中游企业需要不断创新和完善技术能力，以满足用户对于虚拟数字人越来越高的要求。同时，上下游企业也需要加强合作，共同推动虚拟数字人产业链的健康发展。

2.1.3　产业链下游

虚拟数字人的产业链下游主要是将数字人技术应用于实际场景，结合各类行业领域，形成可实施的行业应用解决方案，为各行业提供创新和赋能。

在虚拟数字人的产业链下游，企业需要为虚拟数字人构建完整的品牌运营方案，并带领它们切入细分商业化赛道。企业需要结合自身能力和优势，如品牌、知识产权（intellectual property，IP）等提出需求，与平台层企业进行合作，完成符合需求的虚拟数字人构建和运营。这种运营方式需要企业具备创新思维和品牌意识，同时也需要关注市场需求和消费者心理。

虚拟数字人的产业链下游主要以泛娱乐行业为主，包括传媒、影视、游戏等领域。这些领域对于虚拟数字人的需求和应用较为广泛，同时也具备较为成熟的商业运作模式。

例如，B 站（bilibili，哔哩哔哩）的"直播"板块中，有一个单独的"虚拟主播"选项，里面都是虚拟数字人进行直播。图 2-3 所示为"虚拟主播"页面。

图 2-3

除此之外，如电商、金融、文旅等其他领域也在积极探索和应用虚拟数字人技术，未来发展潜力巨大。

虚拟数字人的产业链下游具有较大的商业价值和发展潜力，但也面临着诸多挑战和风险。因此，企业需要结合市场需求和自身能力，积极探索和应用虚拟数字人技术，同时也需要关注市场变化和竞争态势，不断进行创新和提升竞争力。

2.2 产品形态，分析商业价值

虚拟数字人可以分为不同的维度和产品形态。例如，根据是否有 IP 加成，虚拟数字人可分为超级个体和大众个体；根据人物是否为虚拟构造，虚拟数字人可分为虚拟人物和真人分身；根据满足人们的需求类型，虚拟数字人可分为情感导向和功能导向。这些维度相互组合可以形成不同的虚拟数字人产品形态，同时也就产生了不同的商业价值，这也是本节将重点介绍的内容。

2.2.1 虚拟偶像

虚拟偶像是由超级个体、虚拟人物和情感导向这 3 个维度组合而成的一种虚拟数字人形态。目前，市场上已经有很多成功的虚拟偶像案例，如"柳叶熙""洛天依""屈晨曦"，以及中国首位超写实虚拟关键意见领袖（key opinion leader，KOL）——"翎Ling"等，如图 2-4 所示。这些虚拟偶像以其独特的形象和人设，吸引了大量粉丝的关注和喜爱。

图 2-4

虚拟偶像市场的竞争已经处于半红海阶段，虽然技术基本成熟，但成本高、产能低，因此目前主要依靠大量资金和人工运营来打造虚拟偶像。虚拟偶像的核心在于 IP 运营，需要不断地完善人设、提高精美程度和丰富二创（二次创作）内容等。

通常情况下，设计一个虚拟偶像形象需要花费 10 万 ~ 100 万元，并且后续的内容制作和智能驱动研发还需要持续投入，一年所需的成本为 200 万 ~ 500 万元，这也限制了虚拟偶像的快速扩张。

虚拟偶像的商业价值已经得到了一定程度的验证，商业化方式包括品牌推广或代言、参演节目、直播打赏、发布音乐专辑、售卖 IP 周边产品等。总的来说，虚拟偶像的收入渠道包括营销端、形象端、声音端和衍生品等方面。

◎ 在营销端，虚拟偶像可以通过代言、直播带货等方式获取收入。

◎ 在形象端，虚拟偶像可以通过商演、直播打赏、影视剧参演等方式获取收入。以"洛天依"为例，截至 2023 年 11 月，"洛天依"的微博粉丝高达 540 多万，其演唱会票价每张高达千元。图 2-5 所示为虚拟偶像歌手"洛天依"的简介。

图 2-5

◎ 在声音端，虚拟偶像可以发行歌曲和音乐视频。

◎ 在衍生品方面，企业可以推出与虚拟偶像相关的游戏、动画片、电影、电视剧、手办模型等周边产品。

由于虚拟偶像具有成本过高和技术局限等问题，存在着一定的风险，如果运营不当，可能会导致虚拟偶像的商业价值无法得到充分发挥。因此，企业在打造虚拟偶像时需要充分考虑各种因素，确保其具有可持续发展的潜力。

2.2.2 领域专家

领域专家是一种结合了超级个体、虚拟人物和功能导向的虚拟数字人形态。在目前的市场中，已经出现了一些成功的应用案例，如央视网的"小 C"、湖南卫视的"小漾"以及小冰公司的冬奥会虚拟教练"观君"等。这些领域专家在各自的行业中具有重要的地位，可以为人们提供专业、高效、便捷的服务。

例如，由 5G 高新视频多场景应用国家广播电视总局重点实验室，以及湖南芒果幻视科技有限公司共同打造的虚拟数字人"小漾"，是湖南卫视首位数字主持人，如图 2-6 所示。

图 2-6

专家提醒

神经网络渲染（neural network rendering，XNR）是一种使用深度学习技术进行计算机图形渲染的方法，可以对图像或模型的外观进行复杂计算和预测，从而实现高效的图像渲染。

超级自然语音（super natural voice，SNV）是一种人工智能语音合成技术，通过深度学习技术对人类语音进行模拟和再现，生成与人类语音非常接近的合成语音，从而实现在语音交互、语音播报、语音动画等领域的应用。

领域专家的优点是可以 24 小时工作，能够随时随地为用户提供各种服务。但是，由于前期需要大量的研发和投入，因此成本较高。不过，领域专家市场的潜力非常大，目前属于蓝海市场。随着互联网产业的快速发展，这个市场正在不断扩大，各种应用也将不断涌现出来。

虽然目前的领域专家数字人技术已经基本成熟，但是由于成本高、产能低，这个市场仍然存在着一定的挑战。此外，领域专家的高度专业化也对开发者提出了更高的要求，需要他们具备丰富的行业知识和经验。

领域专家的核心在于其知识的丰富程度和交互的流畅性等。一个优秀的领域专家需要具备高度的智能化和专业知识等能力，以便能够为用户提供精准、可靠的服务。同时，领域专家还需要具备良好的交互体验，以便用户可以轻松地与其进行交互和沟通。

此外，要充分实现领域专家的商业价值，还需要更多的数据和用户支持。目前，领域专家的商业价值还处于待验证阶段，虽然已经有一些成功的应用案例，但整个市场的商业化进程还需要进一步推进和发展。

未来，领域专家可以通过广告宣传、付费服务、电子商务等多种方式来实现盈利，但这也需要开发者们的不断创新和探索。然而，随着技术的不断进步和产业的不断升级，领域专家的未来发展前景非常广阔。

2.2.3　明星分身

明星分身是一种结合了超级个体和真人分身的虚拟数字人形态。在当前的市场中，已经出现了一些成功的应用案例，比如影视剧中的虚拟角色"阿丽塔"，如图 2-7 所示。明星分身在娱乐产业中具有重要的地位，可以为人们提供一种与明星进行互动和接触的新方式。

图 2-7

明星分身的市场潜力非常大，虽然目前属于稍微带点"红海"的市场，但随着技术的不断进步和市场的不断扩大，这个市场的发展前景非常广阔。不过，明星分身的开发和应用同样面临着成本高、产能低的挑战，同时也对肖像权、版权等方面有着高度的依赖，这些会限制它的发展。

> **专家提醒**
>
> 蓝海和红海都是经济学名词，具体内容如下所述。
>
> （1）**蓝海**：主要指未知的市场空间。
>
> （2）**红海**：是蓝海的反义词，主要指已知的市场空间。在红海中，产业边界和行业的竞争规则都是确定的、已知的。

在明星分身的应用中，核心因素是容貌相似程度、交互流畅性，以及人设与明星的相似度等。一个成功的明星分身需要具备高度的智能化和与明星相似的外貌特征，以便能够为用户提供一种真实而亲切的互动体验。同时，明星分身也需要具备良好的交互体验，以便用户可以轻松地与其进行互动。

目前，明星分身的商业价值还处于待验证阶段。未来可以通过广告宣传、付费服务、品牌代言等多种方式实现盈利。总之，明星分身的出现，无疑给粉丝们带来了新的互动方式和体验，方便人们与自己喜欢的明星进行互动。

2.2.4 虚拟好友

虚拟好友是一种结合了大众个体、虚拟人物和情感需求的虚拟数字人形态。在目前的市场中，已经出现了一些成功的应用案例，如小冰公司的"小冰""虚拟男友""虚拟女友"等。这些虚拟好友为用户提供了一种可以随时随地与之交互和沟通的伙伴，满足了人们对于情感交流和社交互动的需求。

例如，小冰公司与广汽传祺合作打造的情感交互型数字人"AI 小祺"，有别于普通的车载语音助手，"AI 小祺"更像是"有血有肉"的陪伴者，有年龄、性别和性格特征等人设，有很强的对话理解能力和共情能力，在与用户交谈时，能够展现出丰富、自然的情感，甚至是独一无二的情绪。

"AI 小祺"由人工智能小冰框架实时驱动，具有开放域对话和多模态交互等"超能力"，可以通过与用户的多轮对话，了解不同用户的语言特点，熟悉不同用户的表达习惯，深度理解不同用户的意图，从而提升交互体验。

在虚拟好友中，交互的流畅和自然，以及能够提供真正的情绪价值是核心要素。一个成功的虚拟好友需要具备高度的智能化和情感交流能力，以便能够与用户建立情感联系，并为其提供支持和帮助。

虚拟好友的市场潜力巨大，但目前还处于发展的初期阶段，商业化模式也尚不清晰，商业价值还处于待挖掘阶段，整个市场的商业化进程还需要进一步推进和发展。未来，虚拟好友可以通过付费服务、电子商务等多种方式实现盈利。

2.2.5　虚拟主播

虚拟主播是近年来兴起的一种结合了大众个体、虚拟人物和情感需求的虚拟数字人形态。虚拟主播是指以虚拟形象出现在屏幕前，通过计算机直播、手机直播等方式与观众互动的主播。

例如，抖音平台上的现象级虚拟主播"金桔2049"入局一年多，便拥有近百万的粉丝，同时月流水也达到百万元级别。"金桔2049"在直播时不仅通过炫酷的场景、可快速切换的新奇有趣外形，给用户带来全新的视觉体验；同时，还通过连麦真人主播的方式，与对方进行互动和制造笑料，输出有趣的直播内容，如图2-8所示。

图 2-8

与传统的真人主播相比，虚拟主播具有以下特点。

（1）虚拟性：虚拟主播的形态、外貌、声音等都是通过技术手段合成的，与真人存在差异。

（2）可定制性：虚拟主播的形象、服装、发型等都可以根据客户需求进行定制，满足客户的多样化需求。

（3）高效性：虚拟主播不仅可以24小时不间断地在线直播，而且可以同时与多个观众进行互动，提高工作效率。

（4）低成本：与传统的真人主播相比，虚拟主播不需要支付高昂的薪水，也不需要花费大量的时间进行招聘和培训。

虚拟主播的商业价值主要体现在以下几个方面。

（1）广告宣传：虚拟主播可以通过直播平台、社交媒体等渠道进行广告宣传，提高品牌知名度，增加产品或服务的销售量。例如，在一些网购平台上，虚拟主播可以为店铺进行代言，提高店铺的流量和销售额。

（2）直播打赏：虚拟主播可以通过直播打赏获得收入。观众可以购买虚拟礼物送给主播，从而获得与虚拟主播互动的机会，增加观众的黏性和付费意愿。

（3）订阅收入：虚拟主播可以通过开通个人频道或者会员服务，向观众收取订阅费用。同时，虚拟主播也可以通过与品牌合作推出限量版周边产品或者定制服务，获取更多收益。

虽然虚拟主播的商业价值逐渐得到认可，但还面临着一些挑战，包括但不限于技术成本高、竞争激烈、法律法规限制等。然而，随着年轻一代对娱乐和互动的需求增加，虚拟主播也面临着巨大的机遇，市场需求将不断增加。同时，随着技术的进步和社会观念的变化，虚拟主播将逐渐被更多人接受和认可。

另外，虚拟主播可以在不同领域进行跨界合作，如与电商平台合作推广商品、与教育机构合作进行在线教育等。同时，企业也可以创新虚拟主播的商业模式，如推出限量版周边产品、提供定制服务等，拓展收益来源。

📖 2.2.6　元宇宙分身

元宇宙是一个虚拟与现实交互、共同演化的世界，人们可以在其中进行社会、经济、文化等活动并创造价值。元宇宙分身是一种新型的虚拟数字人形态，它结合了大众个体和真人分身的概念，为人们提供了一种全新的社交和娱乐体验。

例如，在百度发布的元宇宙产品"希壤"中，用户可以通过捏脸功能自由定制自己的面部特征，创建出独特的数字人形象，如图2-9所示。

再例如，在Soul、ZEPETO等虚拟社交产品中，用户同样可以创建自己的虚拟形象，并通过各种动作和表情展示自己的个性和情感。这些虚拟形象不仅具有极高的仿真度，还具备了多种交互方式，让用户能够更自由地进行社交和娱乐活动。

在元宇宙分身行业中，一些公司已经开始了商业模式的探索。例如，"希壤"通过提供"虚拟地皮"等收费服务获得收入，而Soul和ZEPETO则是通过虚拟商品和广告等商业模式获得收入。这些公司都在努力将数字形象和现实世界的消费行为相结合，探索出更加新颖的商业模式。

元宇宙分身行业的发展前景非常广阔，将会与游戏、娱乐、社交等领域进行更加深度的融合，为人们带来更加沉浸式的社交体验。然而，该行业也存在一些挑战和风险，如技术问题、隐私保护、监管问题等。因此，该行业需要不断进行技术研发和创新，加强监管和合作，才能够实现可持续发展。

图 2-9

2.3 应用前景，分析商业模式

在当今的数字化时代，虚拟数字人正逐渐成为一种全新的商业应用模式。随着元宇宙、虚拟现实、人工智能等技术的不断发展，虚拟数字人的商业应用价值也得到了广泛认可。本节将对虚拟数字人的商业模式进行深入分析，旨在探讨其商业应用前景和潜力。

2.3.1 ToB 端

当前，虚拟数字人的商业模式核心包括以企业或组织为主要目标客户（to business，ToB）端和以个人用户为主要目标客户（to consumer，ToC）端，为企业和个人用户提供了多样化的服务，显示出广阔的发展前景。

在 ToB 端，虚拟数字人的商业化前景尤为明显。目前，虚拟数字人已经广泛应用于直播、社交、视频等领域，成为品牌营销的新宠。

例如，在直播领域中，虚拟主播可以为平台带来更多的流量，提高品牌知名度和曝光率；在社交领域中，虚拟数字人可以成为用户的社交分身，与真实用户进行互动，增加社交乐趣；在视频领域中，虚拟数字人可以成为视频制作的重要元素，提高视频的观赏性和趣味性。此外，虚拟数字人还可以应用于教育、金融、医疗等领域，为企业提供更高效、更个性化的服务。

在这些应用场景中，虚拟数字人的优点得以充分体现。虚拟数字人能够通过外貌、声音、动作等方式与用户建立联系，提高用户体验和用户黏性。同时，虚拟数字人还可以根据用户需求进行定制化开发，满足企业的不同需求。通过与现实世界的场景和事物进行结合，虚拟数字人还能够创造出更加丰富多彩的应用场景，为企业带来更多的商业机会和价值。

例如，一知智能的商业模式主要是通过为企业客户提供 AI 技术和智能服务获取利润，这种模式可以帮助企业更好地实现数字化转型，提高企业的竞争力和效率。同时，一知智能也可以通过提供个性化服务来吸引更多的客户，从而扩大客户规模和市场份额。

一知智能推出的芽势 AI 数字人产品是一种虚拟人物形象，如图 2-10 所示，可以应用到短视频、直播等营销场景中，为企业提供个性化的服务，已经服务了超过 400 多个头部品牌。这种 AI 数字人产品和服务模式可以帮助企业更好地了解用户需求和行为，提高用户满意度和忠诚度，从而实现商业价值和社会价值的双赢。

图 2-10

因此，虚拟数字人与合适场景的结合是一种非常有价值的新营销方式。企业可以通过购买虚拟数字人软件和硬件来打造自己的虚拟形象，实现各种营销目标。同时，企业还可以根据自身需求定制化开发虚拟数字人应用场景，以更加贴近用户需求的方式提高营销效果。此外，通过虚拟数字人技术不断更新和迭代，还可以实现更多的应用场景和商业价值。

2.3.2　ToC 端

在 ToC 端，虚拟数字人的商业模式主要以订阅付费为主，其目标人群主要是以"Z世代"为主的年轻人。

由于"Z世代"是在网络时代长大的，他们对于有趣的虚拟偶像表现出极高的追捧，并愿意在虚拟环境中购买游戏皮肤、直播打赏等。

因此，围绕虚拟主播、虚拟偶像的商业行为备受年轻人关注，资本也毫不掩饰对虚拟数字人的追捧。众多公司都在纷纷布局虚拟数字人业务，希望能够在这个市场中掘金。例如，腾讯、阿里巴巴、字节跳动、网易等公司凭借自身的技术优势和对新兴行业的洞察，都在加大对虚拟数字人业务的投入。

其中，腾讯推出的腾讯智影就是采用按月或按年的订阅会员付费模式，如图 2-11所示。这种商业模式不仅为腾讯带来了稳定的收入来源，也为用户提供了更加便捷和高效的服务体验。

图 2-11

通过按月或按年的付费方式，用户可以享受到更加个性化的虚拟数字人定制服务，并可以在不同场景下进行应用。同时，这种模式还可以满足用户对于数字形象的不同需求，提高用户的使用频率和黏性，从而促进腾讯智影的快速发展。

随着技术的不断进步和成本的降低，以及市场需求的逐步扩大，虚拟数字人的应用领域有望从 ToB 端拓展到 ToC 端。同时，随着订阅付费模式的广泛应用，虚拟数字人的商业模式也将得到进一步的优化和创新，为用户带来更多选择和便利。

2.3.3 商业化落地

在商业化落地方面，虚拟数字人已经展现出了广泛的应用前景。首先，与政府、娱乐、品牌等 IP 合作，可以帮助虚拟数字人获得更多的流量和关注度，同时也可以带来更多的商业机会。例如，品牌 IP 可以通过虚拟数字人的形象来宣传品牌形象和文化，同时也可以将虚拟数字人的形象作为品牌代言人等。这种合作模式也是既可以 ToB，也可以 ToC。

其次，除了与 IP 合作，虚拟数字人还可以与产业合作，打造行业专家。这种合作模式主要是以 ToB 为主，虚拟数字人可以成为行业专家，为企业提供定制化的服务，如风险评估、投资咨询等。

最后，走情感陪伴型路线也是一种可行的商业模式，重点在于通过虚拟数字人的陪伴来缓解人们的孤独感和压力等情感问题。虽然这种商业模式目前还不是很成熟，但是随着社会的不断发展和人们对情感需求的不断增加，也会逐渐成熟并发挥越来越重要的作用，无论是 ToB 还是 ToC，都有可能实现商业价值。

本章小结

本章主要向读者介绍了虚拟数字人的行业分析内容，包括产业链分析、商业价值分析以及商业模式分析，帮助大家了解如何用虚拟数字人创造更多的商业价值。通过对本章的学习，读者能够更好地认识虚拟数字人的行业本质，并学会如何评估虚拟数字人的价值和潜力。

课后习题

鉴于本章知识的重要性，为了帮助读者更好地掌握所学知识，本节将通过课后习题，帮助读者进行简单的知识回顾和补充。

1. 虚拟数字人产业链面临的挑战与机遇是什么？
2. 虚拟主播的商业价值主要体现在哪些方面？

形象
创建篇

第**3**章

平台：了解生成虚拟数字人的工具

学习提示

　　在人工智能技术快速发展的情况下，虚拟数字人应运而生，并逐渐成为人们关注的热点。为了满足市场需求，涌现出许多虚拟数字人相关的工具和平台，旨在帮助用户轻松创建各种虚拟形象。本章将介绍虚拟数字人的常用生成工具和创作平台，帮助大家了解这些工具和平台的特点、优势，并找到最适合自己的虚拟数字人解决方案。

3.1 生成工具，创建虚拟数字人

在数字世界中，一个个精彩绝伦的虚拟数字人诞生了。这些虚拟数字人有着活泼、逼真的神态，丰富、流畅的言语，仿佛真实存在一般。究其背后，是什么样神奇的生成工具赋予了它们智能？

本节将为大家揭开这层神秘的面纱，深入探索当前虚拟数字人生成工具的主流功能，并分析不同工具的特点。

3.1.1 腾讯智影

腾讯智影是腾讯推出的一款基于 AI 技术的虚拟数字人生成工具，它通过 AI 文本、语音和图像生成技术，可以快速创建逼真的 2D、3D 虚拟数字人。用户只需要提供少量信息，腾讯智影就可以自动生成数字人的外观、动作和语音。

腾讯智影不仅有数字人播报、文本配音、AI 绘画等强大的 AI 功能，还提供了很多智能小工具，包括视频剪辑、智能抹除、形象与音色定制、文章转视频、字幕识别、数字人直播、写作助手、智能抠像、智能变声、视频解说、视频审阅等，如图 3-1 所示。

图 3-1

其中，腾讯智影的形象与音色定制功能不仅可以帮助用户定制数字分身、复刻声音，还可以将用户上传的照片制作成数字人。用户可以通过 Stable Diffusion 等 AI 绘画工具创建数字人形象，然后再通过腾讯智影来定制专属的数字人播报视频，如图 3-2 所示。

腾讯智影具有操作简单、效率高等优点，它提供了大量模板和素材样式，使普通用户也可以轻松创建虚拟数字人。同时，腾讯智影生成的数字人模型细节丰富，口型和语音的同步都达到了优质水平。

图 3-2

腾讯智影依托腾讯在 AI 和语音合成等方面的技术积累，生成的数字人效果很不错，它可以大幅降低虚拟数字人的制作成本和时间，在教育、游戏、虚拟主播等领域有广阔的应用前景。

此外，腾讯智影还支持智能语音识别技术，可以将音频转换成文字，方便用户进行数字人视频的字幕制作。同时，用户还可以借助腾讯智影的云端资源进行高效的并行处理，大大缩短了数字人视频的处理时间。

3.1.2 剪映

剪映是一款集视频剪辑和虚拟数字人技术于一体的短视频应用，用户可以通过剪映快速生成带有口型同步的虚拟角色。剪映的数字人生成功能简单易用，提供了大量的数字人角色和场景模板，用户可以进行个性化定制。同时，剪映强大的 AI 算法可以自动驱动角色语音及表情运动。

剪映的数字人生成功能的优势在于它降低了普通用户生成虚拟人物的门槛，只需要用 AI 生成文本内容，就可以驱动数字人打造出真实的视频效果，如图 3-3 所示。

目前，剪映的数字人功能主要应用于短视频剪辑领域，暂时无法应用于直播领域，且功能还在不断地完善和更新。另外，剪映的数字人口型与文案匹配度较高，但动作与语义的对应能力较弱。

总体来说，剪映为普通用户提供了简单好用的数字人生成工具，满足基本的视频创作需求，但生成效果和可定制程度还有很大的优化空间。随着技术的不断进步和剪映的不断优化更新，相信这个问题会逐步得到解决。

图 3-3

3.1.3 来画

来画是一个用于创作动画和数字人的智能工具，可以快速生成超写实的数字人，结合数字人直播、IP 数字化系统、口播视频、在线动画设计、文字绘画等产品，依托正版素材库，轻松实现一站式创作创意内容，帮助创作者将灵感变为现实。

来画的数字人产品包括数字人直播、数字人定制和数字人口播三大功能。数字人的生成过程简单高效，无须专业技能就可以操作，可为企业及个人提供数字形象创作服务，目前已应用于直播、电商等领域。图 3-4 所示为来画的数字人直播功能演示。

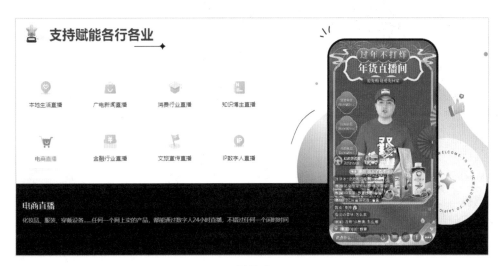

图 3-4

来画的数字人生成功能，界面直观、操作简单，非常适合初学者，用户只需提交文字、图片、语音等信息，就可以快速生成与用户需求相匹配的数字人形象。来画的数字人生成功能具体优势如下。

(1) 海量模板素材：100 多万种免费素材、丰富多样的数字人、海量背景模板，能够轻松适配多种应用场景。

(2) 3 种口播创作模式：支持 3 种数字人口播创作模式，可自由选择"全身、半身、小视窗"等多种展示布局。

(3) 简单易用、学习成本低：网页应用程序简单易用，支持多端操作和实时在线编辑视频，初学者可快速上手。

3.1.4 KreadoAI

KreadoAI 是一款基于人工智能技术打造的数字人生成工具，主要功能包括 AI 视频创作、数字人克隆（形象克隆、语音克隆）和 AI 工具（AI 文本配音、AI 生成营销文案、AI 智能抠图）。通过深度学习技术和大规模数据处理，KreadoAI 可以在短时间内高效生成各种数字人形象。

通过 KreadoAI 的数字人生成功能，生成的数字人形象质量较高，数字人的面部表情、肢体动作、语音语调等都能够与真实人物高度相似，如图 3-5 所示。

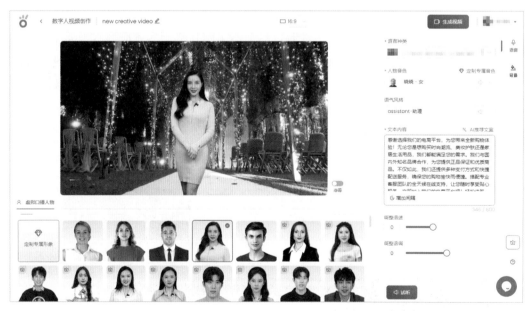

图 3-5

使用 KreadoAI 的数字人形象克隆功能时，用户只需提交 5 分钟的视频录制画面，即可一比一还原真人神态。通过结合数字人口播技术、语音克隆技术的无缝串联，KreadoAI 制作的虚拟数字人分身可替代真人出镜，适用于企业宣传、教育培训、口播视频等各大应用场景。

3.1.5　D–Human

D-Human 是一款比较实用的数字人视频制作工具，可完美定制数字人形象，高度克隆声音，可用于生成可商用的数字人播报视频、数字人直播间等。

D-Human 生成的数字人不仅形象逼真、动作自然，而且支持 SaaS 使用、应用程序编程接口（application programming interface，API）接入、原始设备制造商（original equipment manufacture，OEM）定制等服务。

D-Human 还能够克隆目标人物的声音，让数字人效果无限接近于真人。同时，D-Human 还提供了覆盖全行业的原创视频模板，用户无须调整布局、无须苦思文案和台词，套用模板即可轻松制作爆款数字人视频，如图 3-6 所示。

图 3-6

3.2　创作平台，编辑虚拟数字人

随着人工智能技术的不断发展，各种虚拟数字人创作平台层出不穷，其功能特色因平台而异。一般来说，平台会提供多种虚拟数字人造型和表情，允许用户进行自由搭配与调整。同时，平台还会提供一定的编辑工具，使用户可以对虚拟数字人进行细节上的修饰。本节将探讨一些热门的虚拟数字人创作平台及其相关特点。

3.2.1 百度智能云曦灵

百度智能云曦灵 - 智能数字人平台致力于打造智能的服务型或演艺型数字人，面向金融、媒体、运营商、多频道网络产品形态（multi-channel network，MCN）、互动娱乐等行业，提供全新的客户体验和服务。该平台可进一步降低数字人的应用门槛，实现人机可视化语音交互服务和内容生产服务，有效提升用户体验、降低人力成本，并提升服务质量和效率。

百度智能云曦灵 - 智能数字人平台依托百度强大的 AI 技术能力，提供 2D、3D 数字人形象生产线，并基于三大平台分别打造人设管理、业务编排与技能配置、内容创作与 IP 孵化等业务，能够面向不同应用场景提供对应的数字人解决方案，其产品架构如图 3-7 所示。

图 3-7

其中，百度智能云曦灵 - 智能数字人平台的资产生产线可以低成本快速定制 2D 人像、3D 卡通、3D 写实等数字人形象，结合 AI 和计算机图形学技术，具有超写实、高精度等特点，生成的数字人音唇精准同步、表情丰富、逼真。

> **专家提醒**
>
> VoLTE 客服是指使用 VoLTE 技术的客户服务。VoLTE 即 Voice over LTE，是一种互联网协议（internet protocol，IP）数据传输技术，可以提供更清晰、质量更高的语音和视频通话服务。
>
> 文本转语音（text-to-speech，TTS）是一种将文本转化为语音的技术，通常用于将文本消息、电子邮件、网页或其他文本信息转化为可以听的语音格式，以便于有视觉障碍的人或没时间阅读的人能够更好地理解和消化这些信息。
>
> 自动语音识别（automatic speech recognition，ASR）是一种将人类语音转化为文字或指令的技术，通常用于语音输入、语音搜索、语音控制等领域。

另外，人设管理平台还可以对虚拟数字人进行多维度捏脸，更换发型、服饰与妆容，同时可利用先进的 TTS 技术定制声音，打造专属数字人形象资产。

3.2.2　魔珐科技 AI 虚拟人能力平台

魔珐科技是一个致力于为三维虚拟内容制作提供智能化、工业化的基础设施，为虚拟世界提供"造人、育人、用人"的全栈式技术和产品服务，打造虚拟世界基础设施的平台。

其中，AI 虚拟人能力平台是以魔珐科技自主研发的虚拟内容协同制作的工业化平台为基础，并通过魔珐科技自主研发的 AI 虚拟人核心技术，包括文本驱动语音及动画技术（text to speech & animation，TTSA）、语音驱动动画技术（speech to animation，STA）、有感情的语音合成技术（emotional text to speech，ETTS）、智能动作与表情合成技术等，结合魔珐科技自主研发或第三方智能对话系统及引擎，赋能开发者和运营人员在平台上创建多模态交互的 AI 虚拟人，并应用到不同的业务场景中。

基于智能化、工业化的流程和强大的美术团队，魔珐科技可实现各类虚拟人全流程高效、高质量的制作，包括超写实角色、三维美型角色、2.5 次元角色、二次元角色、卡通角色等，其"造人"流程如图 3-8 所示。

AI 虚拟人能力平台提供了一站式构建 AI 虚拟人产品的能力。对于一般用户而言，该平台可以提供零代码构建 AI 虚拟人产品，即用户无须编程开发就可创建 AI 虚拟人产品，直接应用在不同场景中；对于开发者而言，该平台提供了多种 AI 虚拟人开发工具，开发者可将 AI 虚拟人灵活集成到自己的产品中。

图 3-8

3.2.3 虚拟数字人平台 AvatarX

相芯科技的虚拟数字人平台 AvatarX，依托独创的"虚拟数字人引擎"，为各行各业提供虚拟形象生成、定制、驱动等服务，能够帮助企业客户打造面向未来的、更具差异化的虚拟数字人应用产品和数字资产，以及赋能企业布局元宇宙生态。图 3-9 所示为 AvatarX 的方案优势。

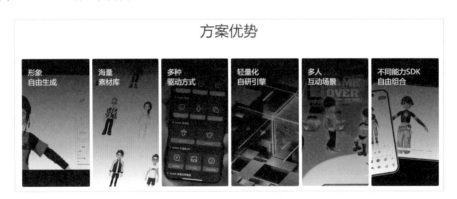

图 3-9

AvatarX 提供了多种虚拟数字人的驱动模式，为用户带来丰富且有趣味的玩法。在 AvatarX 平台上，一个软件开发工具包（software development kit，SDK）支持多种驱动模式，可制作酷炫头像、趣味表情包、短视频等内容，具体驱动模式如下。

（1）面部驱动：通过实时人脸跟踪技术，实现真人和虚拟形象的表情同步。

（2）身体驱动：通过普通摄像头输入，即可实时驱动虚拟形象做出同步动作。

（3）手势识别：通过手势识别，可以驱动虚拟形象完成相关动作。

（4）**语音驱动**：只需输入文本或音频，即可实时驱动虚拟形象的脸部和口型。

3.2.4 科大讯飞 AI 虚拟人交互平台

科大讯飞 AI 虚拟人交互平台提供虚拟人形象构建、AI 驱动、API 接入、多场景解决方案，实现一站式虚拟人应用服务，并联合产业合作伙伴，共建虚拟人生态，满足不同场景的应用需求，在多模感知、多维表达、情感贯穿、自主定义等技术上持续提升，让虚拟人成为人类的伙伴。

例如，由科大讯飞自主研发的 AI 虚拟人多模态交互服务解决方案，主要面向金融、公共交通、政务、运营商、旅游、新零售等行业，通过语音识别、语音合成、自然语言理解、图像处理、口唇驱动以及虚拟人合成等 AI 核心技术，为特定行业客户提供互动交流、业务办理、问题咨询、服务导览等功能，实现虚拟人与真人的"面对面"实时交互。

该方案生成的虚拟人不仅具有形象逼真、口唇精准、交互画面流畅、语音自然清晰、亲和感强等特点，而且可以实现真人式对话体验，问后即答，同时还可以根据文本内容插入指向性动作，提升形象交互的丰富度和灵活性。

另外，科大讯飞还推出了 AI 虚拟人直播工具，能够面向电商直播、虚拟偶像直播等应用场景提供 24 小时不间断的虚拟人直播服务，通过真人驱动和智能化驱动结合的方式，让主播和用户进行实时互动，助力直播间人气和客户转化率的提升，抢占闲时流量，提升直播间浮现权，如图 3-10 所示。

图 3-10

3.2.5 Face 虚拟数字人平台

由追一科技推出的 Face 虚拟数字人平台，提供了全场景（交互型、播报型）和全技术（仿真、3D）的数字人生成功能，能够帮助用户实现从人机交互到人"人"交互。Face 虚拟数字人平台通过将计算机视觉、语音识别、自然语言处理等 AI 技术深度融合，充分模拟人与人之间真实可感的对话交互方式，达到"听得懂，看得见，说得出"的效果。

依托于追一科技多年的多模态算法钻研与沉淀，Face 虚拟数字人平台目前已经能实现准确的实时推理，确保数字人的嘴唇和声音完美契合，表情动作自然流畅，形象栩栩如生，具有无限接近于真人的表现力。

本章小结

本章主要向读者介绍了 AI 虚拟数字人的生成工具和创作平台，具体包括腾讯智影、剪映、来画、KreadoAI、D-Human、百度智能云曦灵、魔珐科技 AI 虚拟人能力平台、虚拟数字人平台 AvatarX、科大讯飞 AI 虚拟人交互平台、Face 虚拟数字人平台。通过对本章的学习，读者能够更好地了解和选择 AI 虚拟数字人的创作工具。

课后习题

鉴于本章知识的重要性，为了帮助读者更好地掌握所学知识，本节将通过课后习题，帮助读者进行简单的知识回顾和补充。

1. 来画的数字人生成功能具有哪些优势？
2. AvatarX 平台上的具体驱动模式是什么？

第4章

剪映：
个性化设置数字人的形象

学习提示

虚拟数字人可以通过语音交互、动作表达等操作实现互动性和视觉上的逼真效果，借助虚拟数字人我们可以制作出新闻播报、品牌推广等效果短视频。本章主要以剪映为例，介绍虚拟数字人的生成方法，帮助大家个性化设置数字人的形象，创建数字人视频。

4.1 形象设置，生成数字人

在剪映中，我们可以通过选择一个合适的数字人形象，然后为其设置背景样式、景别、智能创作文案、调整数字人的位置和大小，生成符合我们需求的数字人。本节为大家介绍生成数字人的操作方法，视频效果如图 4-1 所示。

扫码观看效果

图 4-1

4.1.1 选择数字人形象

目前，剪映的素材库中提供了 15 个数字人形象，我们可以选择自己喜欢的或者最符合视频主题的数字人形象，具体操作方法如下。

扫码观看教学视频

步骤 01 进入剪映的视频创作界面，切换至"文本"功能区，在"新建文本"选项卡中单击"默认文本"右下角的"添加到轨道"按钮■，如图 4-2 所示，添加一个默认文本素材。

步骤 02 此时可以在操作区中看到"数字人"标签，单击该标签切换至"数字人"操作区，选择相应的数字人后，单击"添加数字人"按钮，如图 4-3 所示。

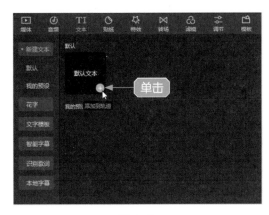

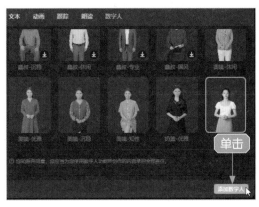

图 4-2   图 4-3

步骤 03 执行操作后，即可将所选的数字人添加到时间线窗口的轨道中，并显示相应的渲染进度，数字人渲染完成后，选中文本素材，单击"删除"按钮■，如图 4-4 所示，将其删除。

图 4-4

4.1.2 设置背景样式

扫码观看教学视频

剪映素材库给我们提供了很多的背景样式，可以让数字人的背景变得更丰富，提高视频画面效果，具体操作方法如下。

步骤 01 选择画中画轨道的数字人素材，在"画面"操作区中，切换至"背景"选项卡，选中"背景"复选框，如图 4-5 所示，在此可以看到有"颜色""图片背景"两大选项区，系统默认选择的是"颜色"选项区中的白色背景，用户也可以选择其他颜色来更换背景样式。

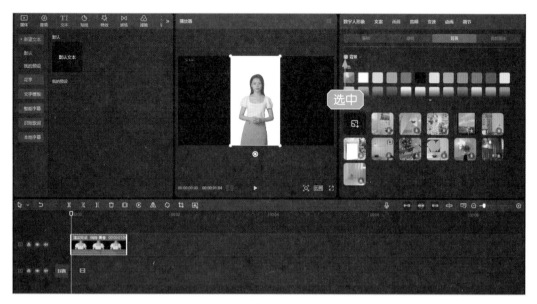

图 4-5

步骤 02 在"图片背景"选项区中,用户可以选择一个合适的图片背景样式,如图 4-6 所示,也可以通过自行上传图片来更换背景。

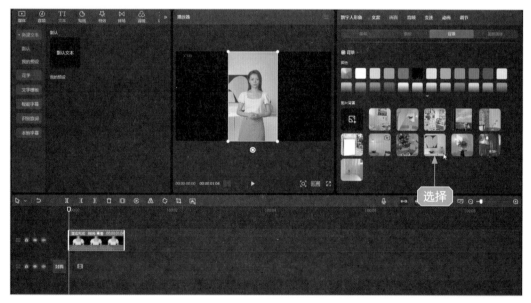

图 4-6

步骤 03 下面以导入图片为例,为大家介绍设置背景样式的方法。取消选中"背景"复选框,恢复系统默认的背景样式,切换至"媒体"功能区,在"本地"选项卡中单击"导入"按钮,如图 4-7 所示。

步骤 04 弹出"请选择媒体资源"对话框，选择合适的背景样式，单击"打开"按钮，如图 4-8 所示。

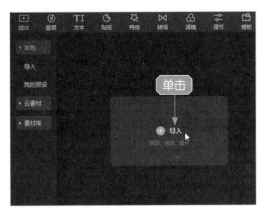

图 4-7   图 4-8

步骤 05 因为导入的背景样式是竖屏的，所以我们可以先修改数字人素材的视频比例。选择画中画轨道中的数字人素材，单击"比例"按钮，选择"9:16（抖音）"选项，如图 4-9 所示，调整视频比例。

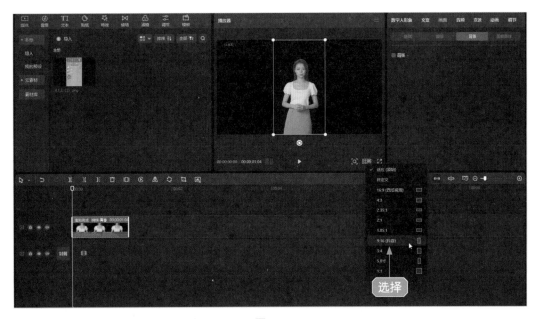

图 4-9

步骤 06 单击"媒体"功能区中素材右下角的"添加到轨道"按钮，将其添加到主轨道中，如图 4-10 所示。

步骤 07 用与上述同样的操作方法，再次导入一个装饰素材，将其拖曳至画中画轨道中，如图 4-11 所示。

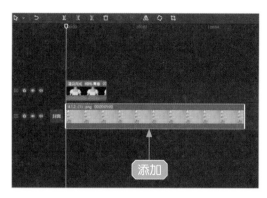

图 4-10

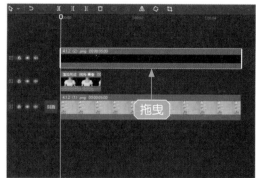

图 4-11

 ### 4.1.3 设置数字人景别

在剪映素材库中，数字人的景别一共有 4 种选项，分别为"远景""中景""近景""特写"。下面以"中景"为例，为大家介绍具体的操作方法。

扫码观看教学视频

步骤 01 选择数字人素材，在"数字人形象"操作区中切换至"景别"选项卡，如图 4-12 所示。

图 4-12

步骤 02 执行操作后，即可看到 4 种景别的选项，选择"中景"选项，如图 4-13 所示。

图 4-13

专家提醒

4 种景别数字人的主要特征如下。

(1) 远景：选择数字人形象后系统默认的景别，能最大程度展示数字人的整体形象。

(2) 中景：较远景而言，中景下数字人的画面大小不会被改变，但是下半身的显示部分会变少。

(3) 近景：不会改变数字人在画面中的大小，主要展示的内容是数字人锁骨及以上部位。

(4) 特写：特写和近景类似，但是特写的呈现方式是圆形。

4.1.4 智能创作文案

在剪映中，我们可以使用"智能文案"这一功能，来创作数字人视频中需要用到的文案，不仅快速，而且非常方便，具体操作方法如下。

扫码观看教学视频

步骤 01 切换至"文案"操作区，单击"智能文案"按钮 ，如图 4-14 所示。

步骤 02 执行操作后，弹出"智能文案"对话框，默认选择"写口播文案"选项，输入相应的文案要求，如"直播带货，奶茶和柠檬水"，如图 4-15 所示。

图 4-14

步骤 03 单击"发送"按钮 ，剪映即可根据用户输入的要求生成对应的文案
内容，如图 4-16 所示。

图 4-15   图 4-16

步骤 04 单击"下一个"按钮，剪映会重新生成文案内容，如图 4-17 所示，当
生成满意的文案后，单击"确认"按钮即可。

步骤 05 执行操作后，即可将智能生成的文案填入到"文案"操作区中，如图 4-18
所示。

步骤 06 对生成的文案内容进行适当删减和修改，单击"确认"按钮，如图 4-19
所示。

步骤 07 执行操作后，即可自动更新数字人音频，并完成数字人轨道的渲染，
如图 4-20 所示。

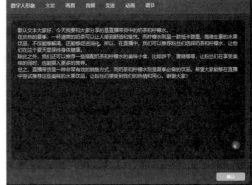

图 4-17 图 4-18

图 4-19

图 4-20

步骤 08 执行操作后，调整背景素材和装饰素材的时长，使其对齐数字人素材的时长，如图 4-21 所示。

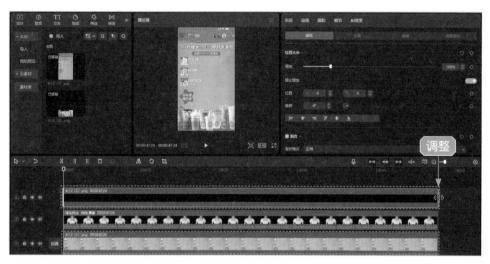

图 4-21

4.1.5 调整位置和大小

扫码观看教学视频

智能创作完文案之后，我们需要调整数字人在视频画面中的位置和大小，使其能更加完美地契合背景样式和装饰素材，提高视频画面的观赏性，具体操作方法如下。

步骤 01 选择画中画轨道的数字人素材，切换至"画面"操作区的"基础"选项卡，在"位置大小"选项区中设置"缩放"参数为 90%，如图 4-22 所示，适当调整数字人在画面中的大小。

图 4-22

步骤 02 设置"X 位置"参数为 280、"Y 位置"参数为 −280，如图 4-23 所示，适当调整数字人在画面中的位置。

图 4-23

专家提醒

除了调整数字人在视频画面中的大小和位置，我们也可以对添加的背景素材和装饰素材进行相应的调整，以此来完善画面。

4.2 美化形象，优化数字人

生成数字人之后，我们还可以在剪映中进行相应的美化操作，如添加美颜美体效果、更改数字人音色、添加动画效果等。美化数字人的整体形象，让整个视频画面更具观赏性。本节为大家介绍美化数字人形象的操作方法。

📖 4.2.1 添加美颜美体效果

为数字人添加美颜美体效果，可以提高数字人外部形象的美观度，从而吸引更多的观众观看该视频，

扫码观看教学视频　　扫码观看效果

其视频效果如图 4-24 所示。

图 4-24

为数字人添加美颜美体效果的具体操作方法如下。

步骤 01 新建一个默认文本素材，在"数字人"操作区中，选择一个合适的数字人形象，单击"添加数字人"按钮，如图 4-25 所示。

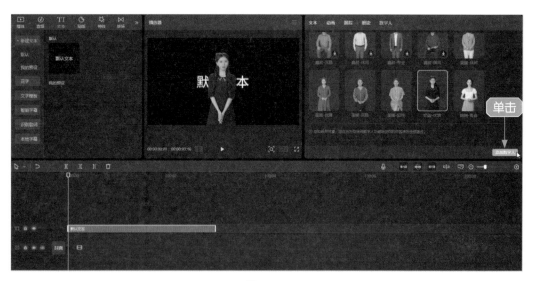

图 4-25

步骤 02 数字人渲染完成之后，选中文本素材，单击"删除"按钮 ⬛ ，如图 4-26 所示。

步骤 03 选择数字人素材，切换至"背景"选项卡，选中"背景"复选框，在"颜色"选项区中，选择一个合适的颜色背景样式，如图 4-27 所示。

图 4-26

步骤 04 在"播放器"窗口中，单击"比例"按钮，选择"9:16（抖音）"选项，如图 4-28 所示，调整视频比例。

图 4-27

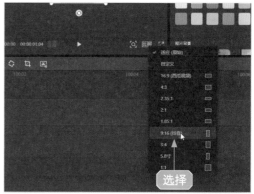

图 4-28

步骤 05 切换至"文案"操作区，输入相应的数字人文案，如图 4-29 所示。

步骤 06 单击"确认"按钮，即可自动更新数字人音频，并完成数字人轨道的渲染，如图 4-30 所示。

图 4-29

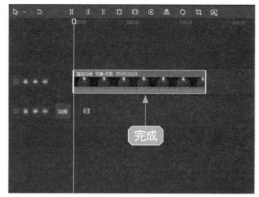

图 4-30

步骤 07 切换至"画面"操作区，在"美颜美体"选项卡中，选中"美颜"复选框，设置"磨皮"参数为 30、"美白"参数为 60，如图 4-31 所示，让数字人的皮肤看起来更细腻、白净。

图 4-31

步骤 08 选中"美型"复选框，设置"瘦脸"参数为 30，如图 4-32 所示，让数字人的脸部看起来更小巧。

步骤 09 选中"美体"复选框，设置"瘦腰"参数为 30，如图 4-33 所示，让数字人的腰部看起来更细。

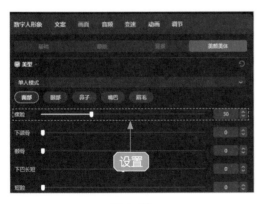

图 4-32

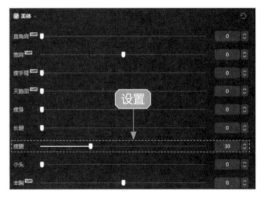

图 4-33

专家提醒

除了上面讲到的美颜美体功能，还有许多没有讲到的功能，用户可以根据具体的数字人形象，对其进行适当的调整。

4.2.2 更改数字人音色

在剪映的素材库中，为数字人提供了丰富的音色
资源，用户可以更改数字人默认的音色，为数字人选
择更为合适的音色，从而制作出良好的视听效果，其
视频效果如图 4-34 所示。

扫码观看教学视频

扫码观看效果

图 4-34

更改数字人音色的具体操作方法如下。

步骤 01 新建一个默认文本素材，在"数字人"操作区中，选择一个合适的数
字人形象，单击"添加数字人"按钮，如图 4-35 所示。

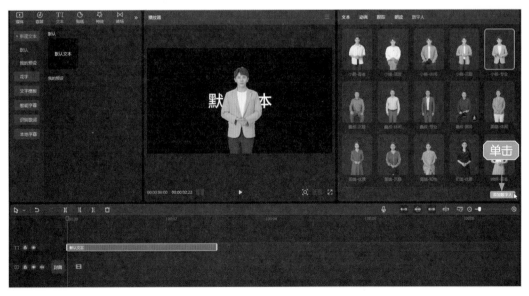

图 4-35

步骤 02 数字人渲染完成之后，选中文本素材，单击"删除"按钮🗑，如图4-36
所示。

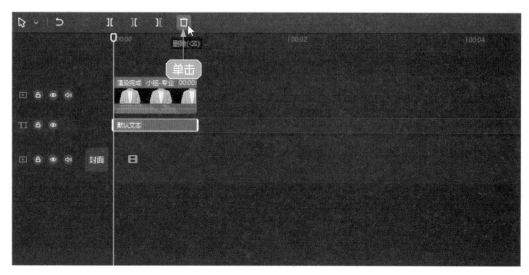

图 4-36

步骤 03 选择数字人素材，在"画面"操作区中，切换至"背景"选项卡，选中"背景"复选框，在"图片背景"选项区中，选择一个合适的图片背景样式，如图4-37所示。

步骤 04 在"播放器"窗口中，单击"比例"按钮，选择"9:16（抖音）"选项，如图4-38所示，调整视频比例。

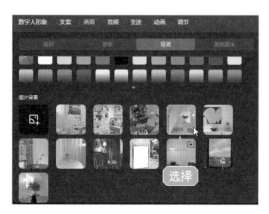

图 4-37

图 4-38

步骤 05 切换至"文案"操作区，输入相应的数字人文案，如图4-39所示。

步骤 06 单击"确认"按钮，即可自动更新数字人音频，并完成数字人轨道的渲染，如图4-40所示。

步骤 07 切换至"音频"操作区，在"声音效果"|"音色"选项卡中，选择一个合适的音色，单击"确认"按钮，如图4-41所示，即可更改数字人的音色。

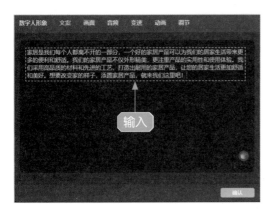

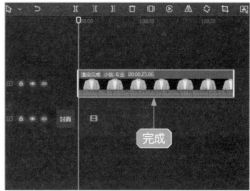

图 4-39　　　　　　　　　　　　　　　　图 4-40

图 4-41

步骤 08 切换至"场景音"选项卡，选择一个合适的场景音，如图 4-42 所示。

图 4-42

4.2.3 添加动画效果

为数字人视频添加动画效果，可以增加视频的趣味性和独特性，从视频一开始就紧紧抓住受众的眼球，也能在一定程度上提高受众对该视频的记忆，其视频效果如图 4-43 所示。

图 4-43

为数字人添加动画效果的具体操作方法如下。

步骤 01 新建一个默认文本素材，在"数字人"操作区中，选择一个合适的数字人形象，单击"添加数字人"按钮，如图 4-44 所示。

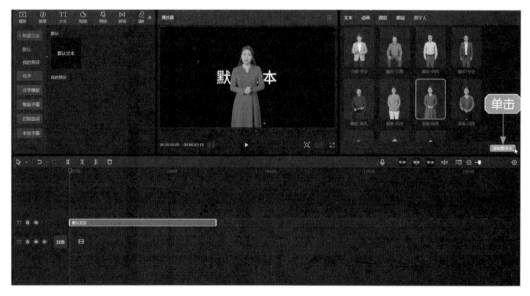

图 4-44

步骤 02 数字人渲染完成之后，选中文本素材，单击"删除"按钮🗑️，如图 4-45
所示。

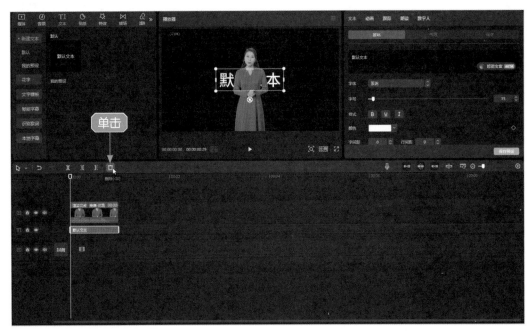

图 4-45

步骤 03 选择数字人素材，在"画面"操作区中，切换至"背景"选项卡，选中"背
景"复选框，在"图片背景"选项区中，选择一个合适的图片背景样式，如图 4-46 所示。

步骤 04 在"播放器"窗口中，单击"比例"按钮，选择"9:16（抖音）"选项，
如图 4-47 所示，调整视频比例。

图 4-46

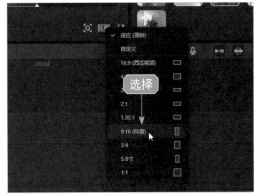

图 4-47

步骤 05 切换至"文案"操作区，输入相应的数字人文案，如图 4-48 所示。

步骤 06 单击"确认"按钮，即可自动更新数字人音频，并完成数字人轨道的渲染，

如图 4-49 所示。

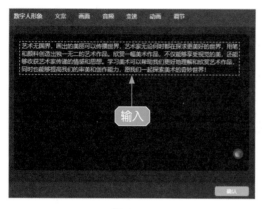

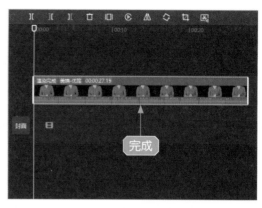

图 4-48   图 4-49

步骤 07 切换至"动画"操作区，在"入场"选项卡中，选择"向上转入Ⅱ"动画，如图 4-50 所示，即可为数字人视频添加动画效果。

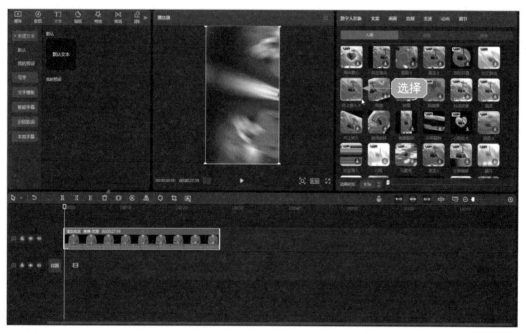

图 4-50

步骤 08 拖曳时间轴至起始位置，在"文本"功能区中，切换至"智能字幕"选项卡，单击"文稿匹配"选项区中的"开始匹配"按钮，如图 4-51 所示。

步骤 09 弹出"输入文稿"对话框，输入数字人文案，单击"开始匹配"按钮，如图 4-52 所示。

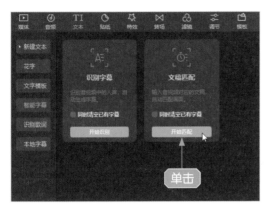

图 4-51

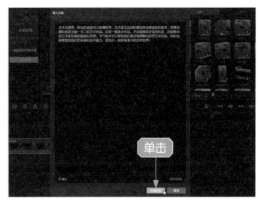

图 4-52

步骤 10 执行操作后，即可成功生成字幕，切换至"文本"操作区，在"基础"选项卡中，设置一个合适的字体并设置"字号"参数为 11，如图 4-53 所示。

步骤 11 选择一个合适的预设样式，如图 4-54 所示，并适当调整最后一个字幕素材的时长，使其对齐数字人视频的时长。

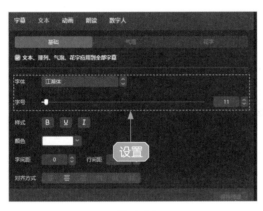

图 4-53

图 4-54

本章小结

本章主要向读者介绍了在剪映中设置数字人形象的相关操作方法，帮助读者了解了在剪映中选择数字人形象、设置背景样式、设置数字人景别、智能创作文案、调整位置和大小、为数字人添加美颜美体效果、更改数字人音色和添加动画效果的内容。通过对本章的学习，读者能更好地掌握在剪映中个性化设置数字人形象的操作方法。

课后习题

鉴于本章知识的重要性，为了帮助读者更好地掌握所学知识，本节将通过课后习题，帮助读者进行简单的知识回顾和补充。

1. 使用剪映制作一个书法知识口播的数字人视频，视频效果如图 4-55 所示。

图 4-55

扫码观看教学视频　　扫码观看效果

2. 使用剪映制作一个关于杯子推广的数字人视频，视频效果如图 4-56 所示。

图 4-56

扫码观看教学视频　　扫码观看效果

第5章

腾讯智影：
生成数字人视频与主播

学习提示

　　虚拟数字人结合了计算机技术和人工智能技术等新科技，能够以数字化的形式表现出各种人物角色。随着人工智能技术的飞速发展，AI数字人直播逐渐崭露头角，并开始引领行业新趋势。本章主要以腾讯智影为例，介绍虚拟数字人和主播的生成方法，帮助大家快速生成虚拟数字人视频和直播。

5.1 播报功能，创建数字人视频

　　"数字人播报"是由腾讯智影数字人团队研发，多年不断完善推出的在线智能数字人视频创作功能，力求让更多人可以借助数字人实现内容产出，高效率地制作播报视频。本节主要介绍使用"数字人播报"功能创建 AI 虚拟数字人视频的操作方法，视频效果如图 5-1 所示。

扫码观看效果

图 5-1

专家提醒

本节以一个主题为"工作汇报"的 AI 虚拟数字人视频为例，制作思路是先确定好数字人模板和形象，然后导入播报内容、修改视频中的文字，最后添加字幕，确认无误后合成视频。本节会先介绍腾讯智影中数字人的功能页面，然后再详细讲解制作 AI 虚拟数字人视频的步骤。

5.1.1 熟悉页面

"数字人播报"功能页面融合了轨道剪辑、数字人内容编辑窗口，可以一站式完成"数字人播报 + 视频创作"流程，让用户方便、快捷地制作各种数字人视频作品，并激发更大的视频创意空间，拓宽使用场景。

"数字人播报"功能页面分为 7 个板块，如图 5-2 所示，用户可以借助各板块中的功能，完成数字人视频的创作。

图 5-2

❶ 主显示/预览区：也称为预览窗口，可以选择画面上的任一元素，在弹出的右侧编辑区中进行调整，包括画面内的字体（大小、位置、颜色）、数字人（内容、形象、动作）、背景以及其他元素等。在预览窗口的底部，可以调整视频画布的比例和控制数字人的字幕开关。

❷ 轨道区：位于预览区的下方，单击"展开轨道"按钮后，可以对数字人视频进行更精细化的轨道编辑，在轨道上可以调整各个元素的位置关系和持续时间，同时还可以编辑数字人轨道上的动作插入位置，如图 5-3 所示。

图 5-3

❸ 编辑区：与预览区中选择的元素相关联，默认显示"播报内容"选项卡，可以调整数字人的驱动方式和口播文案。

❹ 工具栏：页面最左侧为工具栏，可以在视频项目中添加新的元素，如选择套用官方模板、增加新的页面、替换图片背景、上传媒体素材，以及添加音乐、贴纸、花字等素材。单击对应的工具按钮后，会在工具栏右侧的面板中进行展示。

❺ 工具面板：和左侧工具栏相关联，展示相关工具的使用选项，可以单击右侧的收缩按钮 折叠工具面板。

❻ 文件命名区：顶部可以编辑文件名称，并可以查看项目文件的保存状态。

❼ 合成按钮区：确认数字人视频编辑完成后，可以单击"合成视频"按钮生成视频，生成后的数字人视频包括动态动作和口型匹配的画面。单击"合成视频"按钮旁边的"?"按钮，可以查看操作手册、进行反馈、联系在线客服、切换纯净版。

"数字人播报"功能保留了纯净版功能入口，用户可以单击右上角的"?"按钮，在弹出的列表框中选择"前往纯净版"选项，如图 5-4 所示。

图 5-4

执行操作后，即可切换为纯净版的"数字人播报"功能页面，如图 5-5 所示。纯净版仅支持简单的数字人创作使用场景，常用于制作固定图片背景的数字人视频。

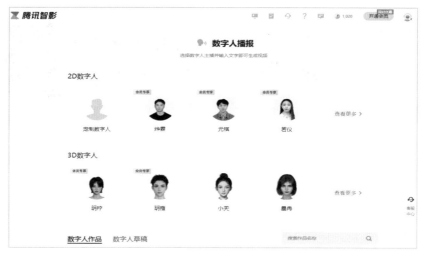

图 5-5

5.1.2 选择模板

"数字人播报"功能页面提供了大量的特定场景模板，用户可以直接选择，从而提升创作效率，具体操作方法如下。

扫码观看教学视频

步骤 01 在工具栏中单击"模板"按钮，展开"模板"面板，在"横版"选项卡中选择相应的数字人模板，如图 5-6 所示。

图 5-6

步骤 02 执行操作后，在弹出的对话框中可以预览该数字人模板的视频效果，如图 5-7 所示，单击"应用"按钮。

图 5-7

步骤 03 执行操作后，弹出"使用模板"对话框，单击"确定"按钮，即可替换当前轨道中的模板，如图 5-8 所示。如果模板页数太多，可在"PPT 模式"面板中进行适当删减。

图 5-8

5.1.3 设置形象

扫码观看教学视频

腾讯智影支持丰富的二维（two dimensional，2D）数字人形象，而且不同的数字人均配置了多套服装、姿势、形状和动作，并支持更换画面背景。下面介绍设置数字人人物形象的操作方法。

步骤 01 在工具栏中单击"数字人"按钮，展开"数字人"面板，切换至 2D 选项卡，选择相应的数字人形象，即可改变所选 PPT 页面中的数字人形象，如图 5-9 所示。使用相同的操作方法，在"PPT 模式"面板中，替换轨道区中其他 PPT 页面的数字人形象。

图 5-9

步骤 02 在轨道区中选择第 1 页 PPT，在预览区中选择数字人，在编辑区"数字人编辑"选项卡中选择不同的服装，即可改变数字人的服装，如图 5-10 所示。使用相同的操作方法，为其他 PPT 页面的数字人更换服装。

图 5-10

步骤 03 在"形状"选项区中，除了默认的全身形象，系统还提供了 4 种不同形状的展示效果，包括圆形、方形、星形和心形，如图 5-11 所示。这些形状的原理就是蒙版，能够遮罩形状外的数字人身体部分，用户可以拖曳白色的方框，调整数字人在形状中的位置。

图 5-11

步骤 04 在"PPT 模式"面板中选择相应的 PPT 页面，在预览区中选择数字人，在编辑区的"动作"选项区中，切换至"中性表达"选项卡，选择相应的动作选项，在预览图中单击➕按钮，如图 5-12 所示。

图 5-12

步骤 05 执行操作后，即可展开轨道区，并添加相应的动作，如图 5-13 所示。

图 5-13

步骤 06 在预览区中选择数字人，在编辑区中切换至"画面"选项卡，设置"X 坐标"参数为 406、"Y 坐标"参数为 175、"缩放"参数为 107%、"亮度"参数为 2，调整数字人的位置、大小和亮度，如图 5-14 所示。使用同样的操作方法，为第 3 页 PPT 中的数字人设置相同的画面效果。

图 5-14

扫码观看教学视频

5.1.4 修改内容

完成数字人形象的设置后，可在"播报内容"文本框中输入或修改相应内容，并支持对于播报内容的精细化调整，具体操作方法如下。

步骤 01 选择第 1 页 PPT，切换到编辑区的"播报内容"选项卡，在文本框中修改相应的文字内容，如图 5-15 所示。

步骤 02 在"播报内容"选项卡底部单击 雅欣 1.0x 按钮，如图 5-16 所示。

图 5-15

图 5-16

步骤 03 执行操作后，弹出"选择音色"对话框，在其中对场景、性别和年龄进行筛选，并选择一个合适的女声音色，如图 5-17 所示。单击"确认"按钮，即可修改数字人的音色。

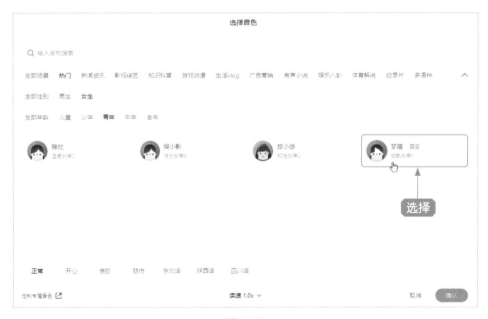

图 5-17

专家提醒

在"选择音色"对话框中，单击"定制专属音色"按钮进入相应功能页面，如图 5-18 所示，用户可以在此上传音频文件并训练声音模型，实现声音克隆效果。

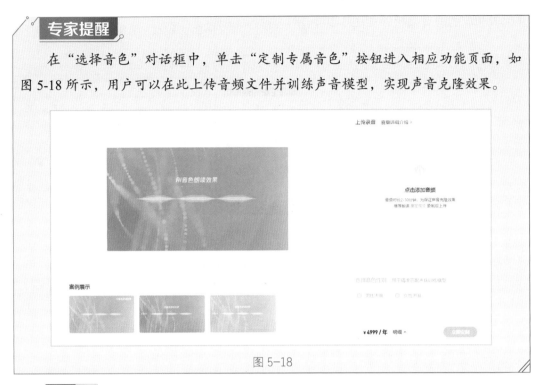

图 5-18

步骤 04 单击"保存并生成播报"按钮，即可根据文字内容生成相应的语音播报，如图 5-19 所示。

图 5-19

步骤 05 使用相同的操作方法，修改第 2 和第 3 页 PPT 中的文字内容和错字，并生成相应的语音播报，如图 5-20 所示。

图 5-20

　　将鼠标光标定位到文字的结尾处，单击"插入停顿"按钮，可以在弹出的列表框中选择"停顿（0.5 秒）"选项，执行操作后，即可在文字结尾处插入一个停顿标记，数字人播报到这里时会停顿 0.5 秒再往下读。

扫码观看教学视频

5.1.5 编辑文字

用户可以随意编辑数字人视频中的文字效果，包括新建文本、修改文本内容、修改文本样式等，具体操作方法如下。

步骤 01 选择第 1 页 PPT，在预览区中选择相应的文本，在编辑区的"样式编辑"选项卡中，选中"阴影"复选框，把"不透明度"的参数设置为 37%，如图 5-21 所示，给文字添加阴影效果。

图 5-21

专家提醒

适当的阴影效果可以使文字更加突出，更容易吸引观众的注意力。阴影效果可以让观众在观看时更加舒适，减少眼睛疲劳，从而增加可读性。

另外，通过给文字添加阴影效果，还可以突出显示重要的信息或段落。这种视觉效果可以引起观众的注意，使重点内容更加突出，从而可以帮助观众更好地理解和记忆信息。

步骤 02 在工具栏中单击"文字"按钮，展开"文字"面板，在"花字"选项卡中选择一个花字效果，即可新建一个默认文本，如图 5-22 所示。

步骤 03 在编辑区的"样式编辑"选项卡中，输入相应的文本内容，设置"颜色"为黑色（050505）、"字号"参数为 30，调整字符属性，并在预览区中适当调整文本的位置, 如图 5-23 所示。

图 5-22

图 5-23

步骤 04 在轨道区中, 调整文本的时长, 使其与该 PPT 页面的数字人素材时长一致, 如图 5-24 所示。

步骤 05 执行操作后, 在预览区中选择相应的文本, 在编辑区的 "样式编辑"

选项卡中修改汇报人的名字，如图 5-25 所示。

图 5-24

图 5-25

步骤 06 选择第 2 页 PPT，在预览区中选择相应的文本，在编辑区的"样式编辑"选项卡中修改文本内容，如图 5-26 所示，并在预览区域中调整文本框的位置。

图 5-26

步骤 07 修改第 2 页 PPT 中汇报人的名字，如图 5-27 所示。使用同样的操作方法，修改第 3 页 PPT 中的相应内容。

图 5-27

5.1.6 设置字幕

用户可以开启"字幕"功能，在数字人视频中显示语音播报的同步字幕内容，具体操作方法如下。

扫码观看教学视频

步骤 01 选择第 1 页 PPT，在预览区右下角开启"字幕"功能，即可显示字幕，如图 5-28 所示。

图 5-28

步骤 02 切换至"字幕样式"选项卡，选择一个合适的预设样式，并设置"字号"参数为 30，如图 5-29 所示，改变字幕的样式效果和字体大小。

图 5-29

步骤 03 使用与上述相同的操作方法，调整其他 PPT 页面中的字幕效果。

5.1.7 合成视频

当用户设置好数字人视频内容后，即可单击"合成视频"按钮快速生成视频，具体操作方法如下。

扫码观看教学视频

步骤 01 在"数字人播报"功能页面的右上角，单击"合成视频"按钮，如图 5-30 所示。

图 5-30

步骤 02 执行操作后，弹出"合成设置"对话框，输入相应的名称，单击"确定"按钮，如图 5-31 所示。

步骤 03 弹出信息提示框，单击"确定"按钮即可，如图 5-32 所示。

图 5-31

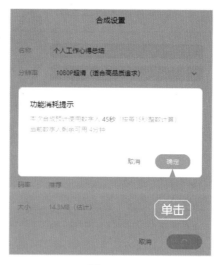

图 5-32

步骤 **04** 执行操作后，进入"我的资源"页面，稍等片刻，即可合成视频，合成视频后，单击下载按钮⬇️，如图 5-33 所示，即可保存数字人视频。

图 5-33

5.2 直播功能，生成数字人主播

腾讯智影基于自主研发数字人平台开发的"数字人直播"功能，可以实现预设节目的自动播放。同时，"数字人直播"功能已经接入了抖音、视频号、淘宝和快手的弹幕评论抓取回复功能，能够通过抓取开播平台的观众评论，并通过互动问答库快速进行回复。

在直播过程中，观众可以通过文本或音频接管功能与数字人进行实时互动。此外，借助窗口捕获推流工具，数字人直播间可以在任意直播平台开播。本节为大家介绍腾讯智影的数字人直播功能。

5.2.1 开通方法

腾讯智影的"数字人直播"功能在数字人视频的基础上，增强了互动功能，可以将数字人直播节目进行 24 小时循环播放或随机播放，同时还可以实时和直播间的观众进行沟通。

建议用户使用谷歌 Chrome 浏览器或者微软 Edge 浏览器登录腾讯智影首页，单击"智能小工具"选项区中的"数字人直播"按钮，如图 5-34 所示。

图 5-34

执行操作后，即可进入"数字人直播"页面，在此可以管理数字人直播节目、我的直播间、互动问答库等，单击"点击开通"按钮，如图 5-35 所示。

图 5-35

执行操作后，在弹出的对话框中选择相应的版本（直播体验版和真人接管直播专业版）和使用期限，扫码支付即可开通"数字人直播"功能，如图 5-36 所示。

图 5-36

5.2.2　介绍页面

开通"数字人直播"功能后，即可使用该功能编辑直播节目并开播，如果未开通或开通期限已到期，将只能查看以往编辑的节目内容，不能新建节目和开播。同时，在"数字人直播"页面的左上角，会显示用户的账号信息和有效期，以及"续费时长"按钮，如图 5-37 所示。

"数字人直播"页面的左侧为功能访问入口，"节目管理"为首页，可以进行直播节目内容的制作；"我的直播间"为开播页面，可以将制作好的节目串联在一起，然后进行直播；"互动问答库"为互动功能知识库设置页面，可以设置互动功能的触发条件和回复内容；"帮助中心"为操作手册，可以学习该功能的使用技巧。

在"新建节目"选项区中，用户可以编辑自己的直播节目内容，也可以直接套用官方提供的直播间模板。在"节目列表"选项区中，会显示已完成制作的直播节目和保存的草稿项目，同时还可以对其进行二次编辑，或者在"我的直播间"页面中进行节目的编排和开播。

图 5-37

5.2.3 创建节目

腾讯智影的数字人直播由多个独立的节目组成，每个节目可以专注于一个商品或多个商品的详细讲解。这些节目可以在不同的直播中循环使用，增加了内容的多样性和直播效率。

在"数字人直播"首页的"新建节目"选项区中，单击"新建空白节目"按钮，即可进入节目编辑器页面中创建节目，如图 5-38 所示。

图 5-38

在"数字人直播"功能的节目编辑器页面中，主要布局区域和功能说明如下。

❶ "数字人编辑"面板：可以设置数字人的节目驱动方式、更换数字人形象、调整播报内容和播报音色等。

❷ "生成预览视频"按钮：输入文本内容后，单击该按钮即可生成动态效果，让数字人形象产生动作，同时可以在右侧预览窗口中查看动态效果。

❸ PPT 页面编辑区：可以添加多个 PPT 页面，将多个节目内容串联到一个节目中，实现直播节目时间的延长。另外，用户可以单击"高级编辑"按钮进入轨道剪辑器页面，对页面元素进行更精细的调整，如图 5-39 所示。

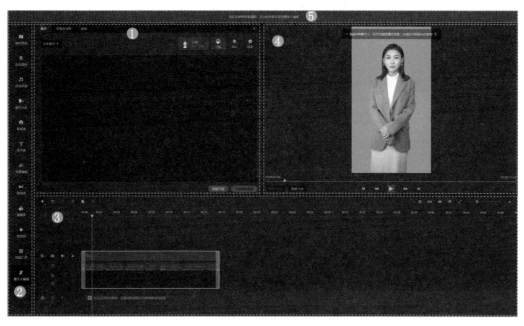

图 5-39

❹ 左侧工具栏：可以对背景、贴纸、花字等内容进行设置，如果想要精细化调整，建议使用轨道剪辑器。

❺ "保存"按钮：节目编辑完成后，单击该按钮即可完成节目的制作。

轨道编辑器页面的主要布局区域和功能说明如下。

❶ "数字人编辑"面板：功能与节目编辑器页面相同。

❷ 左侧工具栏：功能比节目编辑器页面更多，可以在直播节目内容中添加更丰富的元素，包括视频、图片、音乐、贴纸、花字等元素，让直播间的内容更丰富，同时还可以提升直播间的视觉呈现效果。

❸ 轨道区：将数字人、画面元素可视化，通过轨道区进行编辑调整，而且还可以调整素材间的叠加关系与出现时机，提高直播间的质量。

❹ 右侧预览窗口：对数字人播报内容设置完成后，单击"生成预览视频"按钮，即可在右侧预览窗口查看动态效果，预览效果和节目制作的最终效果相同，确认无误后即可返回工具页面进行保存。

❺ 返回工具主页面：通过节目编辑器页面的顶部链接，可以返回主页面进行保存节目或其他编辑等操作。

在"数字人编辑"面板的"配音"选项卡中，单击输入框，弹出"数字人文本配音"对话框，如图5-40所示。

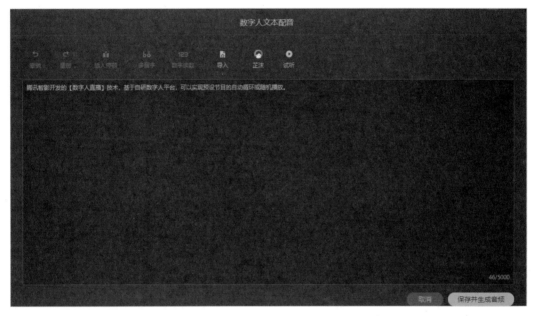

图 5-40

在"数字人文本配音"对话框的顶部，可以进行调整多音字、数字读数、插入停顿等操作，也可以调整数字人的音色和播报语速，确认效果后单击"保存并生成音频"按钮即可。需要注意的是，数字人节目的时长是根据内容的播报时长延长的，单个画面可支持5000字文本上限，超过5000字需新建页面再续写。

5.2.4　设置数字人

在"数字人编辑"面板的"配音"选项卡中，单击"数字人切换"按钮，弹出"选择数字人"对话框，如图5-41所示。腾讯智影支持2D形象和3D形象，用户可以根据具体的直播需求，选择不同的数字人形象、服装和动作。

当用户输入了文本或音频后，即可给数字人添加动作。在"数字人编辑"面板中切换至"形象及动作"选项卡，可以设置数字人的服装样式、服装颜色和人物姿态，如图 5-42 所示。需要注意的是，仅部分数字人形象支持自定义的动作和服装。

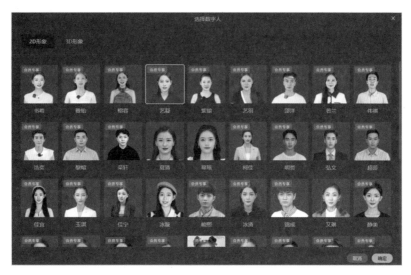

图 5-41

在"数字人编辑"面板中切换至"画面"选项卡，可以调整数字人在直播间中的位置、大小、角度、色彩和展示方式，如图 5-43 所示。另外，用户也可以直接在右侧的预览窗口中调整数字人的位置和大小。

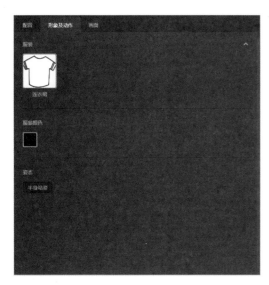

图 5-42

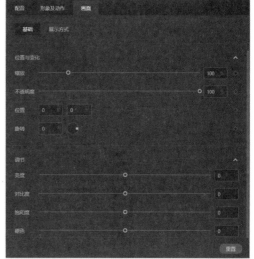

图 5-43

专家提醒

给数字人添加动作时要注意两点：添加动作的地方没有其他动作；添加动作后，剩余的时间要大于动作的演出时间。

5.2.5 串联直播节目

在"数字人直播"页面的左侧导航栏中，选择"我的直播间"选项，进入"我的直播间"页面，在此页面可以对制作好的节目进行串联，形成可以用于开播的直播节目单，并进入后续的开播流程，如图 5-44 所示。同时，用户还可以在该页面对新编节目单或对已编排完成的节目单进行开播、修改、重命名等操作。

图 5-44

依次单击"新建直播间"按钮和"添加节目"按钮，弹出"我的节目"对话框，选中需要串联的节目，单击"选好了"按钮，如图 5-45 所示，即可形成节目单。在编排直播节目单时，用户可以选择在"节目管理"页面中制作完成的数字人直播节目，注意必须是已经"生成预览视频"的包含动态效果的直播节目。

图 5-45

另外，在创建节目单时，可以绑定对应的预设问答库，以便在直播过程中进行使用。在"我的直播间"页面的底部，单击"批量添加互动"按钮，弹出"一键添加互动"对话框，即可为所有直播节目统一配置问答库，如图 5-46 所示，在直播时可以开启互动触发。如果用户想针对节目单中的某一个节目增减触发的问答库，可以选中单个节目进行添加或删除互动操作。

图 5-46

5.2.6　选择直播类型

当用户制作好直播节目单并绑定问答互动库后，单击"去开播"按钮，即可进入开播环节，在开播前系统会对编排的节目单进行监测，并提示开播风险，如图 5-47 所示。如果节目过于简陋，会导致较高的平台监测惩罚风险，并对于节目时长、问答回复数量等细节进行提醒。

图 5-47

单击"继续开播"按钮，弹出"请选择直播类型"对话框，如图 5-48 所示。选择"稳定开播模式"类型，可以降低对于计算机内存的要求，在计算机配置不高的情况下，可以让直播更稳定、不卡顿，但开播前的加载时间较长；选择"极速开播模式"类型，可以快速完成节目加载并进行开播，但对计算机的配置要求较高、内存容量占用较大，长时间直播容易造成卡顿现象。

图 5-48

5.2.7　使用工具开播

腾讯智影的"数字人直播"功能是基于云端服务器实现的，它不具备本地直播推流工具，所以需要借助第三方直播推流工具进行对应平台的直播。用户也可以根据推流地址，自由选择开播平台，腾讯智影不限制直播平台。

用户可以进入直播界面，然后将整个浏览器最大化，或者为直播页面建立一个单独的浏览器窗口，如图 5-49 所示，以便于推流工具捕获直播窗口。

专家提醒

"数字人直播"功能到期后，用户在其中创建的节目会一直保留在账号中，到期后只是不能继续编辑节目和开播，但仍然可以查看节目内容。当用户再次开通"数字人直播"功能后，可以继续使用其中的功能。

接下来，打开相应直播平台的直播伴侣工具（如抖音、快手、淘宝等），或第三方的直播推流工具（如 OBS）。

图 5-49

以抖音的直播伴侣工具为例，用户可以添加图片、贴纸等素材，并选择窗口捕获方式，捕获腾讯智影的浏览器窗口页面，同时将画面调整为只包含视频内容的部分，即可显示数字人直播效果，如图 5-50 所示。

图 5-50

注意，用户需要将直播平台的麦克风音量关闭，单击"开始直播"按钮，直播开始后，单击浏览器中的播放按钮▶，即可使用数字人自动进行直播。

当节目单中的直播节目（同一节目中的多个页面算一个节目）超过 3 个时，用户可以在直播过程中开启"随机播放视频"功能，如图 5-51 所示。这样将会在播放完节目后，随机播放下一个节目单中的内容。

图 5-51

5.2.8　与观众互动

"问答互动"功能是通过用户选择相应的直播平台并输入网页版直播间的链接地址进行访问，然后获取直播间的实时弹幕和用户行为等数据，并根据预设触发条件回复文字、音频等内容的一种互动方式。

目前，腾讯智影的"问答互动"功能可以针对抖音、视频号、快手、淘宝等平台的直播间观众评论，设置触发条件并回复内容，如图 5-52 所示。

图 5-52

用户可以进入"互动问答库"页面，对"问答互动"功能需要用到的预设触发条件和问答库进行编辑，如图 5-53 所示。首先单击"添加问题库"按钮添加一个问题库，然后在问题库中可以单击"新建互动"按钮进行新建互动。添加新的问题库时，也可以选择预设的官方问题库，更加轻松省力。

图 5-53

设置完互动问答库后，在创建直播时将问答库和节目进行绑定，对应节目触发相应的问答库内容，可以批量针对节目单添加互动，也可以针对单个节目进行绑定。腾讯智影支持多种互动触发条件，用户可上传音频文件或直接输入文本。当直播时满足设定条件后，即可自动触发数字人的互动行为。

5.2.9　实时接管

实时接管是指在直播过程中用户可以随时"打断"正在播放的预设内容，插播临时输入的内容，可以对观众的问题进行针对性解答，并降低重复内容的风险，能够有效提高数字人直播的互动性。

实时接管功能分为"文本接管"功能和"真人接管"功能（仅用于直播专业版）。用户开播后，单击右下角的"文本接管"按钮，弹出接管文本的输入框，如图 5-54 所示，可以在其中实时输入文本内容。按 Enter 键确认，即可使用当前正在播报的数字人节目的音色输出与文本对应的音频内容，通过数字人主播进行播报。

开通直播专业版后，用户可以在直播过程中使用"真人接管"功能接管直播间，如图 5-55 所示。单次开启"真人接管"功能，最多可以保持该功能开启 1 小时。

开启"真人接管"功能后，将直播设备与麦克风进行连接，可以在直播过程中通过外部麦克风输入音频，同时会自动匹配数字人口型（时间大约为 7 ~ 15 秒），即可通过音频驱动数字人进行播报，这样可以更加灵活地对直播间观众进行回复。

图 5-54

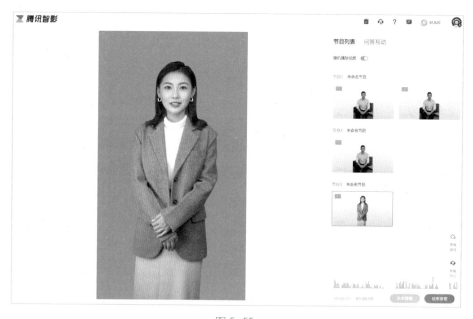

图 5-55

本章小结

本章主要向读者介绍了腾讯智影的"数字人播报"功能和使用数字人实时直播的

知识，具体内容包括熟悉"数字人播报"功能页面、选择模板、设置形象、修改内容、编辑文字、设置字幕、合成视频，以及开启数字人直播功能的方法、介绍页面、创建节目、设置数字人、串联直播节目、选择直播类型、使用工具开播、与观众互动、实时接管等。

通过对本章的学习，读者能够更好地掌握使用腾讯智影制作数字人视频的操作方法和使用数字人直播的技巧。

课后习题

鉴于本章知识的重要性，为了帮助读者更好地掌握所学知识，本节将通过课后习题，帮助读者进行简单的知识回顾和补充。

1. 腾讯智影数字人直播中的实时接管功能的作用是什么？

2. 使用腾讯智影制作一个秋季服装上新数字人视频。视频效果如图 5-56 所示。

扫码观看教学视频　　扫码观看效果

图 5-56

视频
直播篇

第6章

制作：
编辑数字人的视频直播素材

学习提示

　　腾讯智影的"数字人播报"不仅功能丰富、操作易上手、制作成本低，而且还支持专属定制等功能。在该平台中，我们可以制作和优化数字人视频直播素材，丰富其画面效果。本章主要以腾讯智影为例，为大家介绍编辑数字人视频直播素材的操作方法。

6.1 基础操作，制作数字人效果

在腾讯智影中，用户可以进行一系列简单的基础操作，如使用 PPT 模式编辑数字人、修改数字人背景、合成数字人素材等，从而制作出个性化的虚拟数字人效果。本节为大家介绍使用腾讯智影制作数字人效果的基础操作。

6.1.1 使用 PPT 模式编辑

用户在腾讯智影中创建或编辑数字人效果时，可以像使用 PPT 一样进行操作，效果如图 6-1 所示。

扫码观看教学视频

扫码观看效果

图 6-1

使用 PPT 模式编辑数字人效果的具体操作方法如下。

步骤 01 展开"模板"面板，选择一个合适的数字人模板，如图 6-2 所示。

图 6-2

步骤 02 展开 "PPT 模式" 面板，单击 "新建页面" 按钮，如图 6-3 所示。

图 6-3

步骤 03 执行操作后，即可新建一个只有模板背景的空白 PPT 页面，如图 6-4 所示，用户可以在其中添加新的数字人、文字、贴纸等元素。

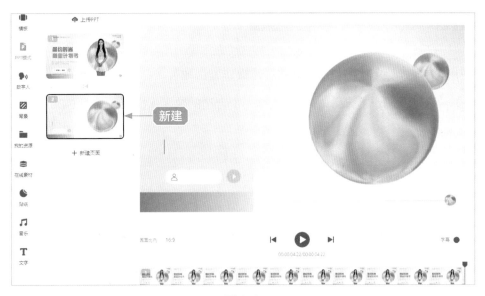

图 6-4

步骤 04 单击 "上传 PPT" 按钮，弹出 "打开" 对话框，选择相应的 PPT 素材文件，单击 "打开" 按钮，如图 6-5 所示。

步骤 05 弹出 "即将导入 PPT" 对话框，系统会提示用户选择导入方式，单击 "覆盖当前内容" 按钮即可，如图 6-6 所示。

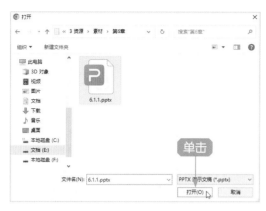 

图 6-5　　　　　　　　　　　图 6-6

步骤 06 稍待片刻，即可完成 PPT 文件上传，并在每个 PPT 页面中自动添加合适的数字人，如图 6-7 所示。

图 6-7

步骤 07 适当调整数字人的大小和位置，并添加和生成对应的播报内容，确认无误后，可以单击"合成视频"按钮，合成数字人视频。

6.1.2　修改背景

用户在编辑数字人效果时，可以修改其背景，包括图片背景、纯色背景和自定义背景等方式，效果如图 6-8 所示。

扫码观看教学视频

扫码观看效果

图 6-8

修改背景的具体操作方法如下。

步骤 01 新建一个默认的数字人视频，展开"背景"面板，在"图片背景"选项卡中选择一张背景图片，可以改变数字人的背景效果，如图 6-9 所示。

图 6-9

步骤 02 切换至"纯色背景"选项卡，选择一个色块，即可将数字人的背景变成纯色，效果如图 6-10 所示。

步骤 03 切换至"自定义"选项卡，单击"本地上传"按钮，如图 6-11 所示。

图 6-10

　　步骤 04 执行操作后，弹出"打开"对话框，选择相应的图片素材，单击"打开"按钮，如图 6-12 所示。

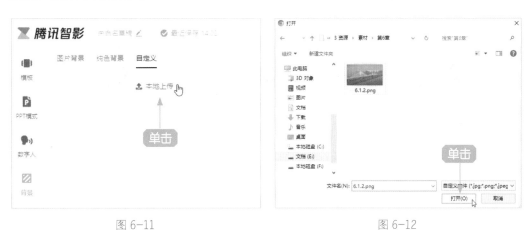

图 6-11　　　　　　　　　　　　　　　　　图 6-12

　　步骤 05 执行操作后，可上传图片素材，在"自定义"选项卡中选择上传的图片素材，即可改变数字人的背景。适当删除不必要的元素，并调整文字颜色，如图 6-13 所示。

图 6-13

6.1.3 上传音频

用户可以在"数字人播报"功能页面中上传并使用各种素材，包括视频、音频和图片等。下面以上传音频为例，介绍详细的操作方法，效果如图 6-14 所示。

扫码观看教学视频　　扫码观看效果

图 6-14

上传音频的具体操作方法如下。

步骤 01 展开"模板"面板，选择一个合适的数字人模板，如图 6-15 所示。

图 6-15

步骤 **02** 展开"我的资源"面板，单击"本地上传"按钮，如图 6-16 所示。

步骤 **03** 执行操作后，弹出"打开"对话框，选择相应的音频素材，单击"打开"按钮，如图 6-17 所示，上传音频素材。

图 6-16   图 6-17

步骤 **04** 执行操作后，在编辑区的"播报内容"选项卡下方，单击"使用音频驱动播报"按钮，如图 6-18 所示。

步骤 **05** 执行操作后，自动展开"我的资源"面板中的"音频"选项区，选择刚才上传的音频素材，如图 6-19 所示。

步骤 **06** 执行操作后，即可将该音频素材添加到轨道区中，如图 6-20 所示。

图 6-18

图 6-19

图 6-20

步骤 07 与此同时，系统会使用该音频来驱动数字人，用户可以更换数字人形象，修改数字人名称。

6.1.4 使用在线素材

扫码观看教学视频　扫码观看效果

除了上传自定义的素材，腾讯智影还提供了很多在线素材，以供用户使用，包括综艺、电影、电视剧、片头、片尾等素材资源。

展开"在线素材"面板，在"腾讯视频"选项卡中，可以看到各种影视资源。不过，用户需要绑定腾讯内容开放平台的账号完成授权并签署协议，才能使用其中的素材，同时发布内容后还可以享受腾讯多平台分成收益。

使用在线素材编辑数字人的效果如图 6-21 所示。

图 6-21

使用在线素材编辑数字人的具体操作方法如下。

步骤 01 展开"模板"面板，在"横版"选项区中，选择一个合适的数字人模板，如图 6-22 所示，适当删除视频画面中的部分元素。

图 6-22

步骤 02 展开"在线素材"面板，切换至"制片必备"|"片头"选项卡，选择相应的片头素材，如图 6-23 所示。

步骤 03 执行操作后，在弹出的对话框中可以预览片头效果，单击"添加"按钮，如图 6-24 所示。

步骤 04 执行操作后，即可将片头素材添加到轨道区中，在编辑区的"视频编辑"选项卡中，设置"缩放"参数为 100%，如图 6-25 所示，调整片头素材的大小。

步骤 05 在轨道区中，选中数字人和文字等素材，将其拖曳至片头素材的结束位置，使两者不会重叠出现，如图 6-26 所示。

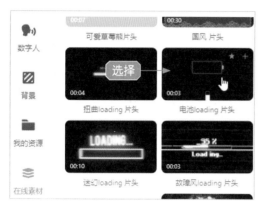

图 6-23

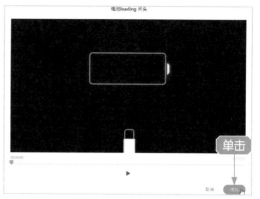

图 6-24

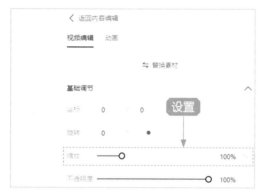

图 6-25

图 6-26

步骤 06 修改模板中的音频播报内容，并重新生成音频，如图 6-27 所示。

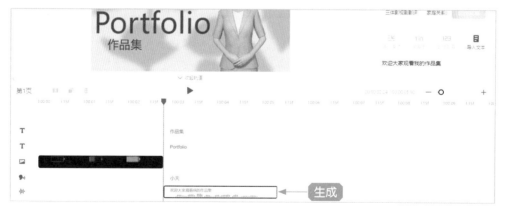

图 6-27

步骤 07 将时间轴拖曳至素材的结束位置，在"在线素材"面板中，切换至"制片必备"｜"片尾"选项卡，在相应片尾素材上单击 ✚ 按钮，将其添加到轨道区中，并适当调整其大小，如图 6-28 所示。

图 6-28

6.2 进阶技巧，丰富画面效果

除了简单的基础操作，在腾讯智影中，用户还可以进行一些复杂的进阶操作，如给数字人添加贴纸、添加背景音乐、添加花字效果和修改画面比例等。本节为大家介绍使用腾讯智影丰富数字人画面效果的进阶技巧。

6.2.1 添加贴纸

腾讯智影提供了许多贴纸效果，在编辑数字人视频直播素材时，用户可以在"贴纸"面板中找到自己喜欢的贴纸，然后添加到轨道上，效果如图 6-29 所示。贴纸的种类包括图形、马赛克、表情包、综艺字等，可以增强素材的视觉效果和创意。

扫码观看教学视频　　扫码观看效果

图 6-29

给数字人的视频直播素材添加创意贴纸的具体操作方法如下。

步骤 01 展开"模板"面板，选择一个合适的数字人模板，如图 6-30 所示。

图 6-30

步骤 02 展开"贴纸"面板，在搜索框中输入并搜索"直播中"，在搜索结果中选择合适的贴纸，如图 6-31 所示，将该贴纸添加到轨道区。

步骤 03 在编辑区的"贴纸编辑"|"基础调节"选项区中设置"X 坐标"参数为 −169、"Y 坐标"参数为 −344、"缩放"参数为 18%，如图 6-32 所示，调整贴纸的位置和大小。

图 6-31

图 6-32

步骤 04 适当调整贴纸的时长，使其与数字人的时长一致，如图 6-33 所示。

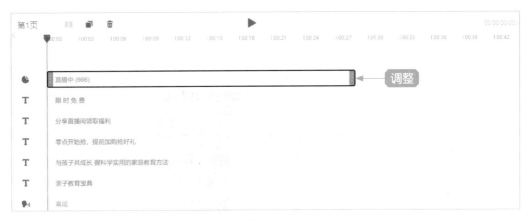

图 6-33

6.2.2 添加背景音乐

在使用腾讯智影制作数字人视频直播素材时，用户还可以给素材添加各种背景音乐和音效，让数字人的效果更加生动、有趣，画面效果如图 6-34 所示。

扫码观看教学视频　扫码观看效果

图 6-34

给数字人的视频直播素材添加背景音乐的具体操作方法如下。

步骤 01 展开"模板"面板，选择一个合适的数字人模板，如图 6-35 所示，适当删除多余的文字素材。

步骤 02 单击音色按钮，修改数字人的播报音色，如图 6-36 所示，单击"保存并生成播报"按钮，确认生成播报音色。

图 6-35

图 6-36

步骤 03 展开"音乐"面板，在"音乐"选项卡中选择相应的背景音乐，单击➕按钮，如图 6-37 所示。

步骤 04 执行操作后，即可将背景音乐添加到视频轨道中，调整背景音乐的时长，使其与数字人时长一致，如图 6-38 所示。

步骤 05 在"音乐编辑"选项卡中，设置背景音乐的"音量"参数为 50%、"淡入时间"和"淡出时间"均为 1.0，增强背景音乐的效果，如图 6-39 所示。完成设置后，即可合成并导出数字人。

图 6-37

图 6-38

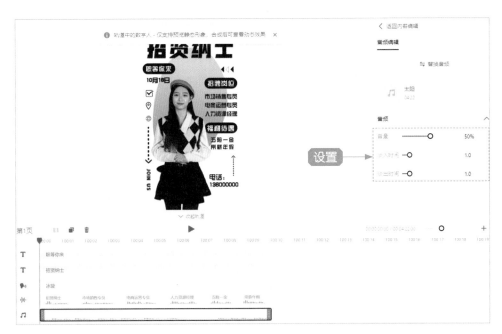

图 6-39

6.2.3 添加文字效果

在使用腾讯智影制作数字人视频直播素材时，用户可以添加花字效果和文字模板，让数字人效果更加丰富多彩，提高观众的观看体验，画面效果如图 6-40 所示。

扫码观看教学视频

扫码观看效果

图 6-40

给数字人视频直播素材添加文字效果的具体操作方法如下。

步骤 01 展开"模板"面板，选择一个合适的数字人模板，如图 6-41 所示。

步骤 02 修改播报内容，单击"保存并生成播报"按钮，如图 6-42 所示，生成新的播报内容。

图 6-41

图 6-42

步骤 03 删除多余的文字元素，展开"数字人"面板，选择相应的数字人形象，改变数字人的样式效果，如图 6-43 所示，并适当调整数字人的位置和大小。

步骤 04 展开"文字"面板，在"花字"选项卡中选择相应的花字样式，添加花字效果，在编辑区中修改文本内容，设置"字号"参数为 50，调整花字的大小，并适当调整花字的位置，如图 6-44 所示。

图 6-43

图 6-44

步骤 05 在"文字"面板中切换至"文字模板"选项卡，选择相应的文字模板，将其添加至轨道区中，在编辑区中修改文本内容，并适当调整文字模板的位置和大小，如图 6-45 所示。

步骤 06 适当调整所有文字素材的时长，使其与数字人播报内容的时长一致，如图 6-46 所示。

图 6-45

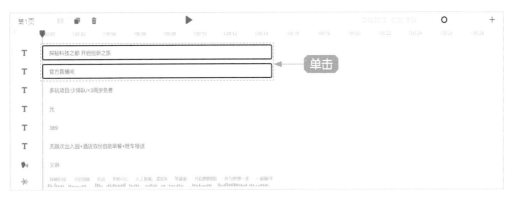

图 6-46

6.2.4 修改画面比例

在腾讯智影中,用户可以修改数字人的画面比例,
如选择固定的横纵比,或者自由设置画面比例,效果
如图 6-47 所示。

扫码观看教学视频

扫码观看效果

图 6-47

给数字人视频直播素材修改画面比例的具体操作方法如下。

步骤 01 展开"模板"面板，选择一个合适的数字人模板，如图 6-48 所示。

图 6-48

步骤 02 展开"PPT 模式"面板，单击第 5 页 PPT 上的"删除"按钮 ，如图 6-49 所示，减少数字人素材的页面。

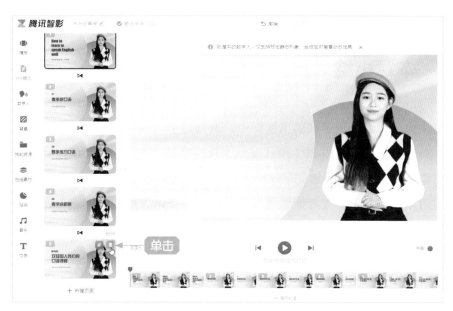

图 6-49

步骤 03 单击"画面比例"右侧的参数，在弹出的列表框中选择"4:3"选项，如图 6-50 所示，即可改变画面比例。

图 6-50

　　用户在选择画面比例时，要注意画面内容能否全部展示出来，要着重注意画面比例与内容的匹配性。

本章小结

　　本章主要向读者介绍了在腾讯智影中，编辑数字人视频直播素材的基础操作和进阶操作，具体内容包括使用 PPT 模式编辑、修改背景、上传音频、使用在线素材、添加贴纸、添加背景音乐、添加文字效果、修改画面比例等。

　　通过对本章的学习，读者能够更好地掌握使用腾讯智影制作数字人视频直播素材的操作方法。

课后习题

　　鉴于本章知识的重要性，为了帮助读者更好地掌握所学知识，本节将通过课后习题，帮助读者进行简单的知识回顾和补充。

1. 使用腾讯智影制作一个每日知识点数字人视频直播素材，画面效果如图 6-51 所示。

图 6-51

2. 使用腾讯智影制作一个每日焦点数字人视频直播素材，其画面效果如图 6-52 所示。

图 6-52

第**7**章

剪辑：
优化数字人视频直播呈现效果

学习提示

　　剪映是抖音推出的一款视频剪辑软件，拥有全面的剪辑功能。本章主要以剪映为例，介绍优化数字人视频直播呈现效果的操作方法，帮助大家优化数字人视频直播效果。

7.1 基础剪辑，处理数字人效果

在剪映中，用户可以进行基础的剪辑操作，如裁剪多余视频、进行变速处理、调节画面色彩、添加文字、添加背景音乐等，从而剪辑出优质的虚拟数字人视频直播素材，优化视频直播呈现效果。本节将介绍使用剪映处理数字人效果的基础剪辑操作。

7.1.1 裁剪多余画面

用户在制作完数字人视频直播素材后，可以使用剪映的"分割"和"删除"等功能，将多余的画面剪切掉，最终画面效果如图 7-1 所示。

扫码观看教学视频

扫码观看效果

图 7-1

裁剪视频直播素材中多余画面的具体操作方法如下。

步骤 01 在剪映的"媒体"功能区中导入一个数字人素材，并将其添加至视频轨道，如图 7-2 所示。

步骤 02 拖曳时间轴至相应位置，单击"分割"按钮 ，如图 7-3 所示。

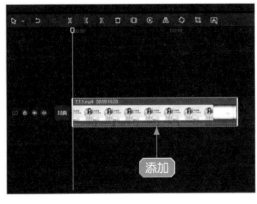

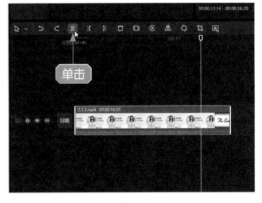

图 7-2   图 7-3

步骤 03 执行操作后，即可分割素材，系统会自动选择分割出来的后半段素材，单击"删除"按钮 🗑，如图 7-4 所示，即可删除多余的素材片段。

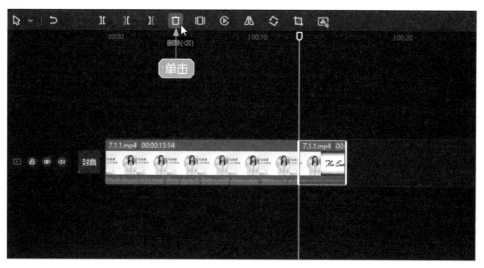

图 7-4

📖 7.1.2 进行变速处理

剪映中的"变速"功能能够改变数字人视频直播素材的播放速度，让画面更有动感，效果如图 7-5 所示。

扫码观看教学视频

扫码观看效果

图 7-5

对数字人视频直播素材进行变速处理的具体操作方法如下。

步骤 01 在剪映的"媒体"功能区中导入一个数字人素材，并将其添加至视频轨道，如图 7-6 所示。

步骤 02 在操作区中，单击"变速"标签，如图 7-7 所示。

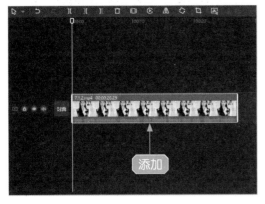

图 7-6

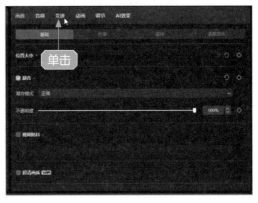

图 7-7

步骤 03 默认进入"常规变速"选项卡，设置"倍数"为 1.3x，如图 7-8 所示，即可调整整段素材的播放速度。

步骤 04 执行操作后，视频轨道上即可显示变速的倍数，如图 7-9 所示。

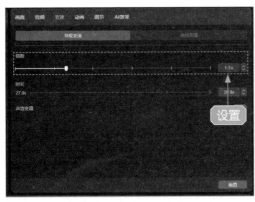

图 7-8

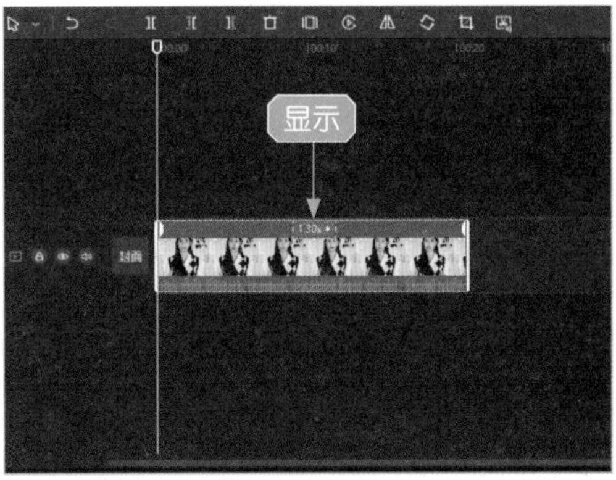

图 7-9

7.1.3 简单调色处理

使用剪映可以非常方便地调整数字人视频直播素材的色彩和明度，并且准确地给人传达某种情感和思想，让画面富有生机。画面对比效果如图 7-10 所示。

扫码观看教学视频

扫码观看效果

图 7-10

给视频直播素材进行简单调色处理的具体操作方法如下。

步骤 01 在剪映的"媒体"功能区中导入一个数字人素材，并将其添加至视频轨道，如图 7-11 所示。

步骤 02 在"调节"操作区的"基础"选项卡中，设置"色温"参数为 20、"色调"参数为 20、"饱和度"参数为 5、"对比度"参数为 5，如图 7-12 所示，适当调节画面的色彩和明暗对比度。

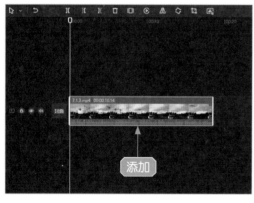

图 7-11

图 7-12

专家提醒

剪映中常用的明度处理工具包括"亮度""对比度""高光""阴影""光感"，可以解决数字人视频直播素材的曝光问题，通过调整画面的光影对比效果，打造出充满魅力的视频画面效果。

7.1.4 添加主题文字

通过数字人视频进行直播，我们可以为视频直播
素材添加主题文字，让观众一眼就知晓直播的主题，
并对直播中的内容产生兴趣，画面效果如图 7-13 所示。

扫码观看教学视频

扫码观看效果

图 7-13

为视频直播素材添加主题文字的具体操作方法如下。

步骤 01 在剪映的"媒体"功能区中导入一个数字人素材，并将其添加至视频
轨道，如图 7-14 所示。

步骤 02 在"文本"功能区的"新建文本"选项卡中，单击"默认文本"选项
右下角的"添加到轨道"按钮，如图 7-15 所示。

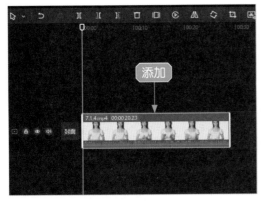

图 7-14

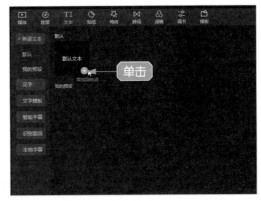

图 7-15

步骤 03 在"文本"操作区的"基础"选项卡中，输入相应的主题文字，如图 7-16 所示。

步骤 04 执行操作后，设置文字的"字体""字号""样式"，如图 7-17 所示。

 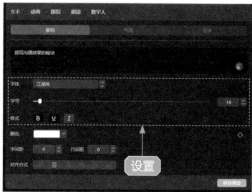

图 7-16   图 7-17

步骤 05 选中"描边"复选框，在"颜色"列表框中选择相应的颜色，如图 7-18 所示。

步骤 06 在"播放器"窗口中，适当调整文字的位置，如图 7-19 所示。

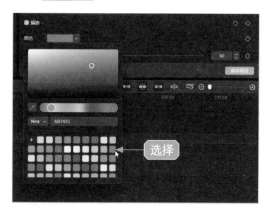 

图 7-18   图 7-19

步骤 07 将文本的持续时长调整为与数字人素材时长一致，如图 7-20 所示。

图 7-20

7.1.5 添加背景音乐

剪映中有丰富的背景音乐曲库，而且进行了十分细致的分类，我们可以根据视频直播素材的内容或者主题快速添加合适的背景音乐，画面效果如图 7-21 所示。

 扫码观看教学视频
 扫码观看效果

图 7-21

为视频直播素材添加背景音乐的具体操作方法如下。

步骤 01 在剪映的"媒体"功能区中导入一个数字人素材，并将其添加至视频轨道，如图 7-22 所示。

步骤 02 在功能区中单击"音频"按钮，如图 7-23 所示。

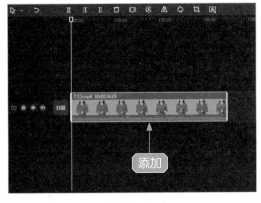

图 7-22

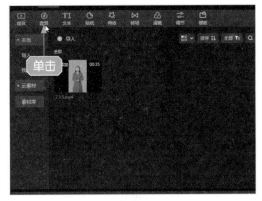

图 7-23

步骤 03 切换至"国风"选项卡，选择一首合适的背景音乐，如图 7-24 所示。

步骤 04 单击所选音乐右下角的"添加到轨道"按钮⊕，如图 7-25 所示。

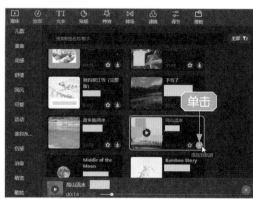

图 7-24   图 7-25

步骤 05 执行操作后，即可将所选的背景音乐添加到音频轨道中，拖曳时间轴至数字人素材的结束位置，单击"分割"按钮，如图 7-26 所示，即可分割音频素材。

步骤 06 单击"删除"按钮，如图 7-27 所示，删除后半段多余的音频。

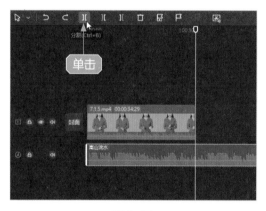
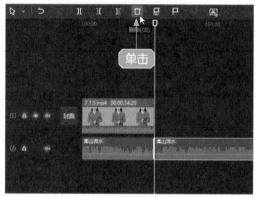

图 7-26   图 7-27

步骤 07 选择剩下的音频素材，在"基础"操作区中设置"音量"参数为 -17.0dB，如图 7-28 所示，适当降低背景音乐的音量。

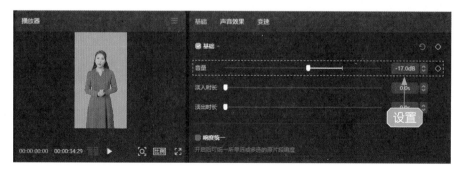

图 7-28

7.2 效果制作，丰富数字人画面

　　一个火爆的数字人视频直播依靠的不仅仅是剪辑，适当地添加一些特效能为视频直播素材增添意想不到的效果，让直播画面变得更加吸睛。

　　本节主要介绍剪映中自带的一些滤镜、转场、特效和动画等功能的使用方法，帮助大家做出各种精彩的数字人视频直播效果。

7.2.1　添加调色效果

　　绚丽的色彩可以增强视频直播素材的画面表现力，使画面呈现出动态的美感。在剪映中可以使用滤镜功能对画面整体色调进行处理，使视频直播素材的画面色彩更加丰富，画面对比效果如图 7-29 所示。

扫码观看教学视频

扫码观看效果

图 7-29

　　为视频直播素材添加调色效果的具体操作方法如下。

　　步骤 01　在剪映中导入两个数字人素材，并将其分别添加至视频轨道和画中画轨道，如图 7-30 所示。

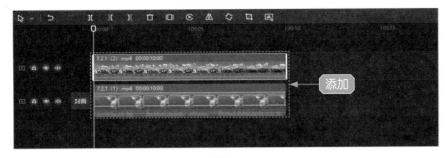

图 7-30

　　步骤 02　选择画中画轨道的素材，在"播放器"窗口中，调整素材在画面中的大小和位置，如图 7-31 所示。

步骤 03 在"滤镜"功能区中，切换至"风景"选项卡，单击"绿妍"滤镜右下角的"添加到轨道"按钮 ➕，如图 7-32 所示，在"滤镜"操作区中设置"强度"参数为 60，让滤镜效果更符合画面。

图 7-31

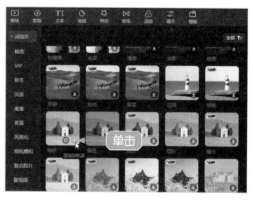

图 7-32

步骤 04 调整滤镜的时长，使其与画中画轨道中的素材时长保持一致，同时选中滤镜素材和画中画轨道中的素材并右击，在弹出的快捷菜单中选择"新建复合片段"命令，如图 7-33 所示。

步骤 05 执行操作后，在时间线窗口中单击画中画轨道前的"关闭原声"按钮 🔊，如图 7-34 所示，将素材中的声音关闭。

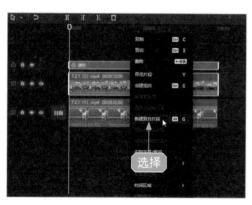

图 7-33

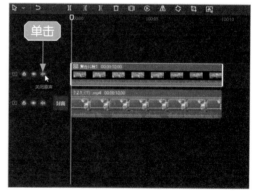

图 7-34

专家提醒

新建复合片段主要是指把多条轨道上的多个素材合成一个完整的新素材，并放置在一条轨道上。视频轨道和画中画轨道上有两个数字人视频直播素材，如果此时只想对其中一个素材添加滤镜效果，那么就可以为它与滤镜素材新建一个复合片段。

7.2.2　添加转场效果

扫码观看教学视频

扫码观看效果

由多个素材组成的数字人视频直播少不了转场，有特色的转场不仅能为视频直播增色，还能使镜头过渡得更加自然，画面效果如图 7-35 所示。

图 7-35

为视频直播素材添加转场效果的具体操作方法如下。

步骤 01　在剪映的"媒体"功能区中导入两个数字人素材，并将其添加至视频轨道，如图 7-36 所示。

步骤 02　拖曳时间轴至两个素材的中间，在"转场"功能区中，切换至"叠化"选项卡，单击"叠化"转场效果右下角的"添加到轨道"按钮，如图 7-37 所示，即可添加"叠化"转场效果。

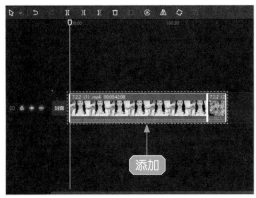

图 7-36

图 7-37

步骤 03 在"转场"操作区中，设置"时长"为 1.0s，如图 7-38 所示。

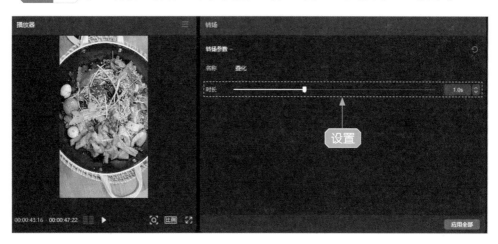

图 7-38

7.2.3 添加画面特效

在制作数字人视频直播素材时，我们可以给素材添加一些画面特效，例如弹幕、花瓣等，这些特效会让视频直播画面充满互动感和氛围感，同时让观众更有代入感，产生身临其境的视觉体验，画面效果如图 7-39 所示。

扫码观看教学视频

扫码观看效果

图 7-39

为视频直播素材添加画面特效的具体操作方法如下。

步骤 01 在剪映的"媒体"功能区中导入一个数字人素材，并将其添加至视频轨道，如图 7-40 所示。

步骤 02 在"特效"功能区的"综艺"选项卡中，单击"夸夸弹幕"特效右下角的"添加到轨道"按钮➕，如图 7-41 所示。

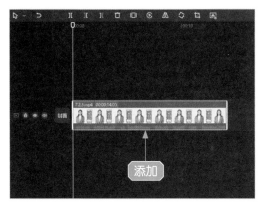

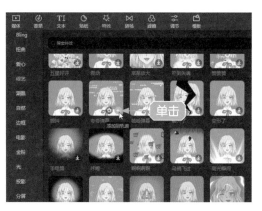

图 7-40 图 7-41

步骤 03 执行操作后，即可添加"夸夸弹幕"特效，调整该特效的时长，使其对齐素材时长，如图 7-42 所示。

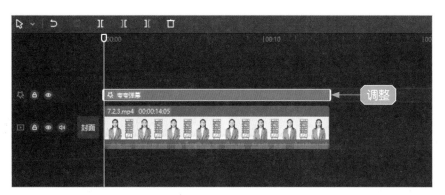

图 7-42

 专家提醒

在时间线窗口中，开启"自动吸附"功能🧲，在拖曳时间轴时可以使其自动吸附到素材的起始或结束位置处。

7.2.4 添加动画效果

在剪映中给数字人视频直播素材添加动画效果后，可以让视频直播的画面变得更加生动，效果如图 7-43 所示。

扫码观看教学视频

扫码观看效果

图 7-43

为视频直播素材添加动画效果的具体操作方法如下。

步骤 01 在剪映的"媒体"功能区中导入一个数字人素材，并将其添加至视频轨道，如图 7-44 所示。

步骤 02 在"贴纸"功能区中搜索"直播优惠"，在搜索结果中选择一个合适的贴纸，单击右下角的"添加到轨道"按钮█，如图 7-45 所示。

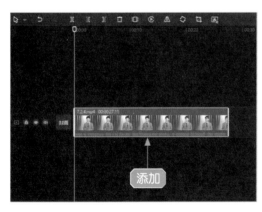

图 7-44

图 7-45

步骤 03 在"播放器"窗口中，适当调整贴纸在画面中的大小和位置，如图 7-46 所示。

步骤 04 调整贴纸的时长，使其对齐数字人素材的时长，如图 7-47 所示。

步骤 05 切换至"动画"操作区，在"入场"选项卡中，选择"渐显"动画效果，设置"动画时长"为 2.0s，适当延长动画效果，如图 7-48 所示。

图 7-46

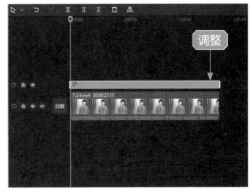
图 7-47

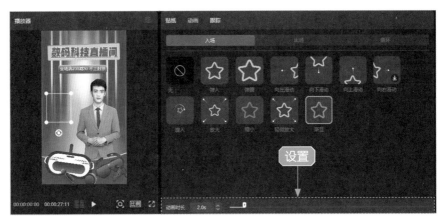
图 7-48

本章小结

　　本章主要向读者介绍了在剪映中剪辑数字人视频直播素材的操作方法，具体内容包括画面的基础剪辑处理和效果制作，帮助读者了解在剪映中处理数字人视频直播素材的方法和技巧，从而优化数字人视频直播呈现的效果。通过对本章的学习，读者能更好地掌握在剪映中处理数字人视频直播素材的操作方法。

课后习题

　　鉴于本章知识的重要性，为了帮助读者更好地掌握所学知识，本节将通过课后习题，帮助读者进行简单的知识回顾和补充。

1. 使用剪映制作一个直播间抢福利的数字人视频直播素材，画面效果如图 7-49 所示。

扫码观看教学视频　　扫码观看效果

图 7-49

2. 使用剪映制作一个直播预售开启的数字人视频直播素材，画面效果如图 7-50 所示。

扫码观看教学视频　　扫码观看效果

图 7-50

案例
应用篇

第**8**章

案例：制作《人生哲理播报》数字人效果

学习提示

在现代社会中，生活和工作的节奏非常快，人们容易产生负面情绪，应该学会排解情绪，积极面对问题。本章制作了一个小和尚人生哲理播报视频，希望能帮助大家更好地应对困难和挑战，增强自身内在的力量，从而建立正确的人生观和价值观，怀着积极向上的心态面对人生。

8.1 图片展示，生成视频效果

扫码观看效果

《人生哲理播报》视频的制作思路是，运用一个小和尚的 AI 形象作为主要人物，让小和尚口述当天的具体日期和一些简短的人生哲理，主要目的是给受众传递积极向上的人生态度，望其懂得珍惜，发现平凡生活中的小美好。

《人生哲理播报》视频按照短视频的规格制作，为 9:16 尺寸的竖幅构图，效果如图 8-1 所示。

今天是9月13日　　懂得珍惜才能长久　　看淡所有的不辞而别

图 8-1

8.2 步骤介绍，制作视频效果

选择小和尚作为画面主体，其可爱的形象可以给受众以亲切感；围绕"珍惜才能长久，看淡不辞而别"等哲理来撰写视频文案，可以实时给受众传递积极的人生态度。本节将详细介绍制作《人生哲理播报》视频的步骤。

8.2.1 生成形象

扫码观看教学视频

画面主体是视频的主要元素，《人生哲理播报》视频的画面主体是 AI 数字人——小和尚，因此制作视频的第一步骤是运用 AI 绘画工具生成小和尚形象，具体的操作步骤如下。

步骤 01 在百度中搜索"文心一格"，登录并进入其首页，单击"立即创作"按钮，如图 8-2 所示。用户使用百度账号即可登录文心一格，也可以按照网页提示注册后再登录。

图 8-2

步骤 02 进入"AI 创作"页面，如图 8-3 所示，在此可以输入提示词生成绘画作品、海报、艺术字。

图 8-3

步骤 03 在"AI 创作"页面中，切换至"自定义"选项卡，输入绘制小和尚形象的提示词，如"小和尚，正面，上半身，可爱"，如图 8-4 所示。默认设置"选择AI 画师"为"创艺"。

步骤 04 单击"上传参考图"下方的 ➕ 按钮，如图 8-5 所示。

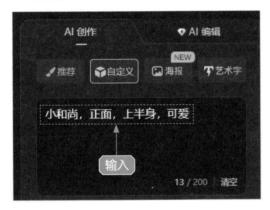

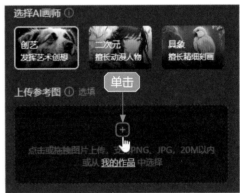

图 8-4　　　　　　　　　　　　　　　　　　　图 8-5

步骤 05 弹出"打开"对话框，选择相应的参考图，单击"打开"按钮，如图 8-6 所示，上传参考图。

图 8-6

步骤 06 设置"影响比重"为 6，如图 8-7 所示，让生成的图像效果接近参考图的画面效果。

步骤 07 设置"尺寸"为 9:16、"数量"为 1，如图 8-8 所示，设置生图参数。

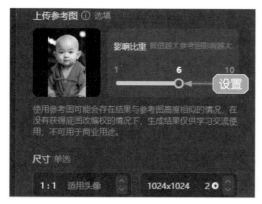

图 8-7 图 8-8

步骤 08 单击"立即生成"按钮，如图 8-9 所示，即可生成与参考图相似的小和尚形象效果。

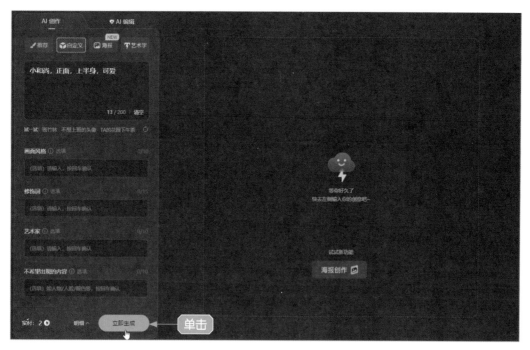

图 8-9

步骤 09 生成小和尚形象图之后，可以单击预览图右侧的下载按钮 ，如图 8-10 所示，将图片下载下来，保存备用。如果用户对文心一格生成的小和尚形象图不太满意，可以多次单击"立即生成"按钮，进行多次生图，从中选择最为满意的。

图 8-10

8.2.2 修改模板

运用腾讯智影工具制作《人生哲理播报》视频，首先需要生成一
个小和尚数字人的视频，将前面生成的小和尚形象图片导入腾讯智影
中，让腾讯智影生成小和尚数字人视频，具体的操作步骤如下。

扫码观看教学视频

步骤 01 进入腾讯智影的"创作空间"页面，单击"数字人播报"选项区中的"去
创作"按钮，如图 8-11 所示。

图 8-11

步骤 02 执行操作后，进入"数字人播报"功能页面，系统默认选择第一个数字人模板，在预览区中选择数字人，如图 8-12 所示，并按 Delete 键将其删除。

图 8-12

步骤 03 使用相同的操作方法，删除预览区中的文字、网址等其他元素，如图 8-13 所示。

图 8-13

步骤 04 选择预览区中的背景图片，在编辑区的"背景编辑"选项卡中，单击"删除背景"按钮，如图 8-14 所示，将预览区中的背景删除。

图 8-14

步骤 05 执行操作后，单击"画面比例"右侧的参数，在弹出的列表框中选择"9:16"选项，如图 8-15 所示，设置视频屏幕为竖屏。

图 8-15

8.2.3 添加形象

扫码观看教学视频

将前面用文心一格生成的小和尚形象图上传至腾讯智影中，调整图像的位置和大小，便可以生成《人生哲理播报》视频的画面主体图。下面将介绍添加小和尚形象至腾讯智影的操作方法。

步骤 01 在"数字人"面板中，切换至"照片播报"选项卡，单击"本地上传"按钮，如图 8-16 所示。

图 8-16

步骤 02 执行操作后，弹出"打开"对话框，选择相应的图片，单击"打开"按钮，如图 8-17 所示，上传小和尚形象图。

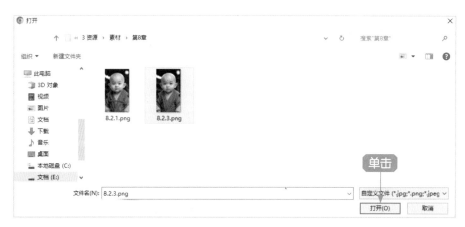

图 8-17

步骤 03 执行操作后，即可将小和尚形象图上传至腾讯智影中，选择上传的图片，稍等片刻，系统会自动生成小和尚数字人视频，并在预览区中显示小和尚形象图，如图 8-18 所示。

图 8-18

步骤 04 选择预览区中的小和尚数字人，在编辑区中切换至"画面"选项卡，设置"画面"的"缩放"参数为 105%，让数字人图像铺满整个屏幕，如图 8-19 所示。

图 8-19

8.2.4 编辑播报内容

在确定了小和尚的数字人画面之后，便可以进行导入文本、编辑数字人播报内容的操作。下面将具体介绍编辑播报内容的操作方法。

步骤 01 在编辑区中单击"返回内容编辑"按钮，返回编辑数字人的播报内容，在"播报内容"选项卡中单击"导入文本"按钮，如图 8-20 所示。

图 8-20

步骤 02 执行操作后，弹出"打开"对话框，选择存放播报内容的文件，如图 8-21 所示。

步骤 03 单击"打开"按钮，即可导入播报内容，效果如图 8-22 所示。

图 8-21

图 8-22

扫码观看教学视频

8.2.5 设置声音

在编辑完数字人画面和播报内容之后，我们需要修改数字人的声音，即其音色和读速，使数字人的声音更匹配小和尚形象，具体的操作方法如下。

步骤 01 在"播报内容"选项卡底部单击 旅小悠 1.0x 按钮，如图 8-23 所示。"旅小悠 1.0x"为模板中默认的数字人音色和读速。

图 8-23

步骤 02 执行操作后，弹出"选择音色"对话框，筛选合适的音色，如在"少年"音色选项中选择"彬彬"音色，如图 8-24 所示。

图 8-24

步骤 03 执行操作后，单击底部的"读速 1.0x"按钮，在弹出的列表框中选择"0.9x"选项，如图 8-25 所示，适当降低播报内容的播放速度。

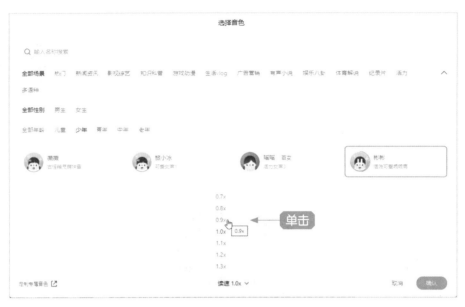

图 8-25

步骤 04 执行操作后，单击"确认"按钮，如图 8-26 所示，即可成功修改数字人的音色和读速。

图 8-26

8.2.6 合成视频

在以上 5 个步骤的基础上，可以单击"合成视频"按钮，合成数字人播报，即小和尚开口说话的视频，具体的操作方法如下。

扫码观看教学视频

步骤 01 在设置完数字人音色之后，在编辑区底部单击"保存并生成播报"按钮，如图 8-27 所示，生成特定音色下的播报音频，用户可以试听音频。

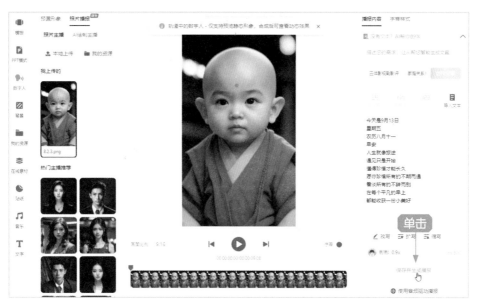

图 8-27

步骤 02 在确定播报内容和音色无误之后，可以单击"合成视频"按钮，如图 8-28 所示，合成小和尚朗读文本内容的视频。

图 8-28

步骤 03 执行操作后，弹出"合成设置"对话框，输入名称为"小和尚播报"，单击"确定"按钮，如图 8-29 所示。

步骤 04 系统会自动跳转至"我的资源"页面，在此可以查看视频合成的进度，如图 8-30 所示。

图 8-29   图 8-30

8.2.7 变声制作

用户在完成数字人播报视频的制作之后，可以适当编辑视频，增加视频的吸引力，如改变视频的播报音色。下面将介绍对视频进行变声的详细步骤。

步骤 01 在"我的资源"页面中，将光标定位在待剪辑的数字人播报视频上，单击剪辑按钮 ✗ ，如图 8-31 所示。

图 8-31

步骤 02 执行操作后，进入腾讯智影的视频剪辑页面，在轨道区中的视频素材上右击，在弹出的快捷菜单中选择"分离音频"命令，如图 8-32 所示，稍等片刻，即可将数字人播报视频中的音频单独分离出来。

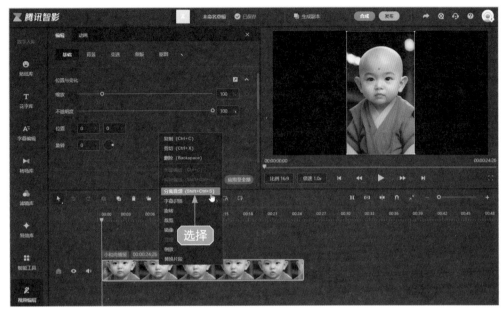

图 8-32

步骤 03 在"音频编辑"面板中切换至"变声"选项卡，选择"提提莫"儿童音色，如图 8-33 所示。用户选择某个音色之后，可以进行试听，以此来判断是否合适。单击"应用"按钮，即可完成数字人播报视频变声制作。

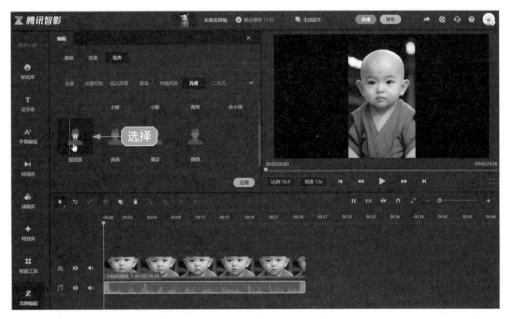

图 8-33

步骤 04 在预览窗口中，单击"比例"按钮，选择"9:16"选项，如图 8-34 所示，将视频屏幕设置为竖屏。

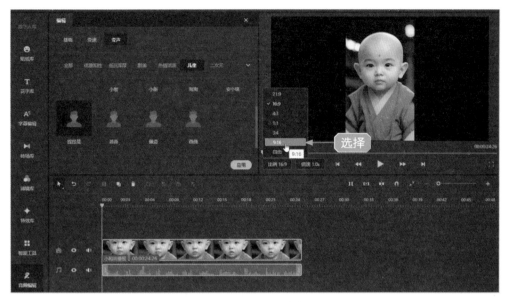

图 8-34

8.2.8　添加字幕

添加字幕可以辅助受众观看视频，有效地传达视频的重点，也能够增强视频的吸引力。下面将介绍为视频添加字幕的操作方法。

扫码观看教学视频

步骤 01 展开"字幕编辑"面板，单击"上传字幕"按钮，如图 8-35所示，上传视频的字幕。

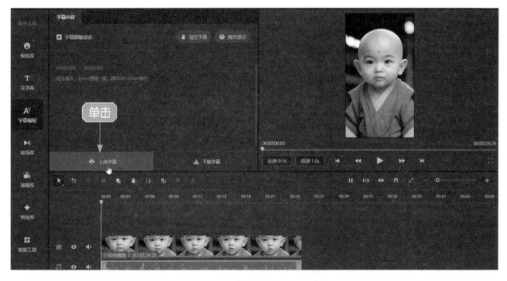

图 8-35

步骤 02 弹出"打开"对话框，选择相应的字幕文件，如图 8-36 所示，单击"打开"按钮，即可成功上传字幕，系统会在文本轨道上自动添加字幕文本，用户需要检查字幕有无错别字，以及按照自己的需要适当修改字幕。

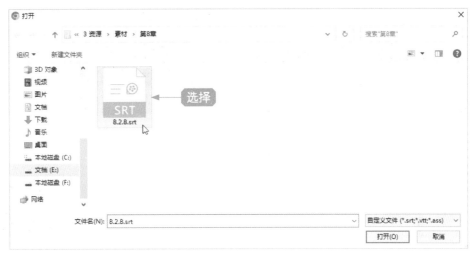

图 8-36

步骤 03 选择第 1 个字幕，切换至"编辑"选项卡，在"字符"选项区中，设置"字号"参数为 35，如图 8-37 所示，加大字号。

步骤 04 在"位置与变化"选项区中，设置"X 坐标"参数为 0、"Y 坐标"参数为 200，如图 8-38 所示，改变字幕的位置。

图 8-37

图 8-38

步骤 05 切换至"动画"选项卡，选择"渐显"进场动画，如图 8-39 所示，为字幕添加进场效果。

步骤 06 将字幕的动画时长调整为最长，单击"应用至全部"按钮，如图 8-40 所示，为其他字幕添加相同的进场动画效果。

图 8-39   图 8-40

 ### 8.2.9　添加空镜头

在《人生哲理播报》视频中添加空镜头可以增强视频的情感，渲染氛围，表达出积极、豁达的人生态度，更可以调节视频的节奏，扩展画面的内容。下面将介绍为视频添加空镜头的操作方法。

扫码观看教学视频

步骤 01　拖曳时间轴至需要添加空镜头的位置，选择轨道区中的视频素材，单击"分割"按钮，如图 8-41 所示。

图 8-41

步骤 02　执行操作后，拖曳时间轴至空镜头结束的位置，单击"分割"按钮，如图 8-42 所示。

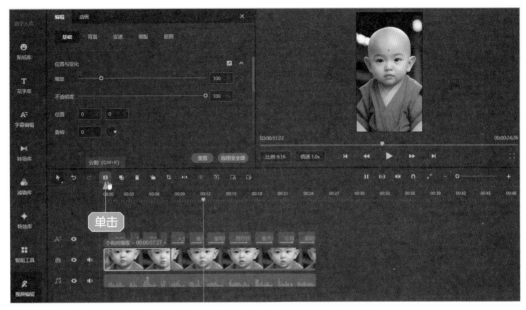

图 8-42

步骤 03 执行操作后，右击，在弹出的快捷菜单中选择"替换片段"命令，如图 8-43 所示。

步骤 04 弹出"替换素材"对话框，在"上传素材"选项卡中，在🔺图标范围内的任意位置单击鼠标左键，如图 8-44 所示。

图 8-43

图 8-44

步骤 05 弹出"打开"对话框，选择相应的空镜头素材，单击"打开"按钮，如图 8-45 所示，稍等一会儿即可成功上传空镜头素材。

步骤 06 执行操作后，在"替换素材"对话框中，选择刚上传成功的空镜头素材，如图 8-46 所示。

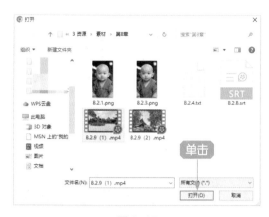

图 8-45

图 8-46

步骤 07 弹出"替换素材"对话框，选择合适的视频片段，单击"替换"按钮，如图 8-47 所示，即可成功添加空镜头素材。

步骤 08 切换至"背景"选项卡，设置"背景填充"样式为"模糊"，选择第 2 个模糊样式，如图 8-48 所示。

图 8-47

图 8-48

步骤 09 使用与上述同样的操作方法，在合适的位置为视频添加第 2 个空镜头素材，如图 8-49 所示。

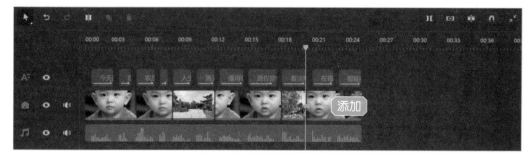

图 8-49

8.2.10　添加音乐

添加音乐是指为《人生哲理播报》视频添加背景音乐，让小和尚在说话的同时有轻音乐的伴奏，给观众好的试听感受。下面将介绍添加音乐的操作方法。

步骤 01　拖曳时间轴至起始位置，展开"在线音频"面板，在"音乐"选项卡中，选择一曲合适的纯音乐，进行试听，如图 8-50 所示。

步骤 02　单击右侧的"添加到轨道"按钮 ⊞，如图 8-51 所示，即可将所选音乐添加到轨道区中。

图 8-50

图 8-51

步骤 03　执行操作后，设置"音量大小"参数为 10%，如图 8-52 所示，降低背景音乐的音量，使其不会干扰数字人的播报音频。

步骤 04　拖曳时间轴至视频素材的末端，选择背景音乐素材，单击"分割"按钮 ⊪，如图 8-53 所示，分割背景音乐素材。

图 8-52

图 8-53

步骤 05 选择后半段背景音乐素材，单击"删除"按钮，如图 8-54 所示，将多余的背景音乐素材删除，让其时长与视频时长一致。

图 8-54

步骤 06 执行操作后，完成数字人视频的编辑工作，单击"合成"按钮，如图 8-55 所示，即可获得完整的视频效果。

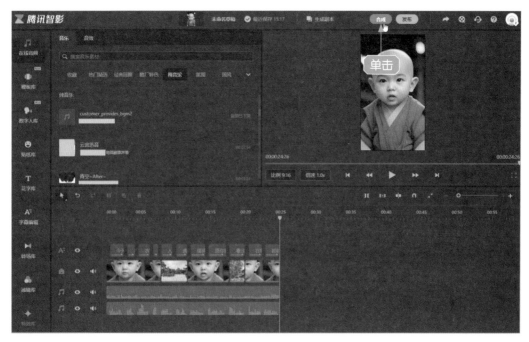

图 8-55

第9章

案例：
制作《抖音电商带货》数字人效果

学习提示

在当今竞争激烈的商业环境中，AI 数字人为营销推广提供了全新的视角和思路。例如，在抖音等线上购物平台中，AI 数字人可以作为带货达人，为消费者提供个性化的购物建议。本章主要通过一个综合实例——《抖音电商带货》，介绍使用腾讯智影制作营销推广数字人的实战技巧。

9.1 图片展示，生成视频效果

《抖音电商带货》视频的制作思路是，首先准备好视频的文案内容，然后选择合适的数字人来进行抖音电商带货，接着进行修改文字、添加背景音乐等编辑工作，最后合成一个完整的带货视频，效果展示如图 9-1 所示。

扫码观看效果

图 9-1

9.2 步骤介绍，制作视频效果

首先在腾讯智影中选择好数字人模板，然后通过文本驱动数字人，为数字人注入生动有趣的内容，并让数字人更加符合观众的口味和需求，同时为短视频带货增添无限可能。本节将详细介绍制作《抖音电商带货》视频的步骤。

9.2.1 选择模板

腾讯智影内置了很多营销推广类的数字人模板，用户可以根据自己的需求和商品特点选择适合的模板，具体操作方法如下。

扫码观看教学视频

步骤 01 进入腾讯智影的"创作空间"页面，单击"数字人播报"选项区中的"去创作"按钮，如图 9-2 所示。

图 9-2

步骤 02 执行操作后，进入相应页面，展开"模板"面板，切换至"竖版"选项卡，如图 9-3 所示。

图 9-3

步骤 03 选择一个电商类的数字人模板，单击预览图右上角的 ⊕ 按钮，弹出"使用模板"对话框，单击"确定"按钮，如图 9-4 所示。

图 9-4

专家提醒

本章选取的这个模板以数字人的形式介绍带货商品，可以介绍商品的卖点和特色，还可以在视频中介绍商品的外观、性能、价格等，激发观众的购买欲望。

步骤 04 执行操作后，即可替换当前轨道中的模板，如图 9-5 所示。

图 9-5

9.2.2 驱动数字人

为了更好地驱动数字人，我们可以将提前准备好的文案进行适当删减和修改。下面介绍使用文本驱动数字人的操作方法。

步骤 01 在编辑区中清空模板中的文字内容，单击"导入文本"按钮，导入整理好的文本内容，如图 9-6 所示。

步骤 02 将鼠标光标定位到文中的相应位置，单击"插入停顿"按钮，插入一个 1 秒的停顿标记，如图 9-7 所示。

图 9-6

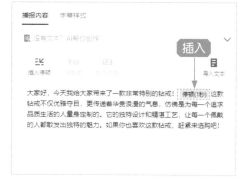

图 9-7

步骤 03 在"播报内容"选项卡底部单击 瑶瑶 1.0x 按钮，弹出"选择音色"对话框，在其中对场景（新闻资讯）和性别（女生）进行筛选，选择一个合适的女声音色，并使用"开心"的语调，单击"确认"按钮，如图 9-8 所示。

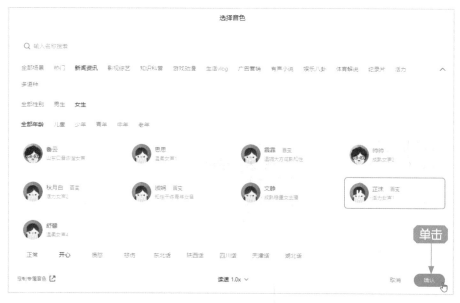

图 9-8

步骤 04 执行操作后，即可修改数字人的音色，单击"保存并生成播报"按钮，如图 9-9 所示，即可根据文字内容生成相应的语音播报，同时数字人轨道的时长也会根据文本配音的时长而改变。

图 9-9

9.2.3 改变形象

腾讯智影提供了多种数字人形象编辑工具，可以帮助用户实现数字人形象的快速定制和优化。下面介绍改变数字人外观形象的操作方法。

扫码观看教学视频

步骤 01 展开"数字人"面板，在"预置形象"选项卡中，选择"云燕"数字人形象，如图 9-10 所示。

图 9-10

> **专家提醒**
>
> 　　腾讯智影提供了丰富的数字人形象供用户选择，并将持续进行更新。2D 数字人中可以选择"依丹""蓓瑾"等进行动作设置，3D 数字人中可以选择"智能动作"形象，根据文案内容智能插入匹配动作。

步骤 02 在预览区中选择数字人，在编辑区的"数字人编辑"选项卡中，可以选择相应的服装，如图 9-11 所示，改变数字人的服装效果。

图 9-11

步骤 03 在编辑区中切换至"画面"选项卡，设置"X 坐标"参数为 -138、"Y 坐标"参数为 54、"缩放"参数为 90%，如图 9-12 所示，调整数字人的位置和大小，给商品视频留出更多的空间。

图 9-12

> **专家提醒**
>
> 除了调整数字人的位置和大小，用户还可以根据需要调整数字人画面的"不透明度""亮度""对比度""饱和度""褪色"等参数，让数字人看起来更符合观众的审美需求。

9.2.4 替换视频

扫码观看教学视频

用户可以上传自定义的商品视频，替换模板中的视频，具体操作方法如下。

步骤 01 在预览区中选择视频素材，在编辑区的"视频编辑"选项卡中单击"替换素材"按钮，如图 9-13 所示。

图 9-13

步骤 02 执行操作后，即可展开"我的资源"面板，单击"本地上传"按钮，如图 9-14 所示。

图 9-14

步骤 03 执行操作后，弹出"打开"对话框，选择相应的视频素材，单击"打开"按钮，即可上传视频素材，在"视频"选项卡中选择上传的视频素材，如图 9-15 所示，即可替换模板中的视频，调整好模板和视频的时长，使其对齐播报音频的时长。

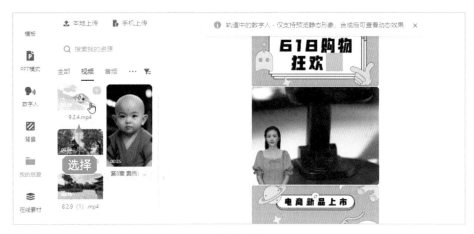

图 9-15

9.2.5 更改文字

数字人模板中自带了一些文字元素，用户可以根据营销推广视频的需求，更改其中的文字内容，具体操作方法如下。

扫码观看教学视频

步骤 01 在预览区中选择相应的文本，在编辑区的"样式编辑"选项卡中，适当修改文本内容，并设置合适的字体和颜色，如图 9-16 所示。

图 9-16

步骤 02 选中"阴影"复选框，设置合适的颜色，并将"不透明度"参数设置为 50%，为文字添加阴影效果，如图 9-17 所示。

图 9-17

步骤 03 切换至"动画"选项卡，在"进场"选项区中选择"放大"动画，如图 9-18 所示，即可给所选文本添加一个逐渐放大的进场动画效果。

图 9-18

步骤 04 使用与上述相同的操作方法，更改数字人模板中的其他文字内容，并设置其字体，如图 9-19 所示。

图 9-19

9.2.6 添加音乐

扫码观看教学视频

给营销推广类的数字人视频添加合适的背景音乐，可以更好地配合视频的画面，提高观看体验，具体操作方法如下。

步骤 01 在"我的资源"面板中，单击"本地上传"按钮，如图 9-20 所示。

步骤 02 弹出"打开"对话框，选择相应的音频素材，如图 9-21 所示。

图 9-20

图 9-21

步骤 03 单击"打开"按钮，即可上传音频素材，切换至"音频"选项卡，单击音频素材右上角的＋按钮，如图 9-22 所示，即可将音频素材添加到轨道区中。

图 9-22

步骤 04 选择轨道区中的音频素材，在编辑区的"音频"选项区中设置"音量"参数为 30%，适当降低音量，并在轨道区中调整音频素材的时长，使其末端对齐数字人素材的末端，如图 9-23 所示。

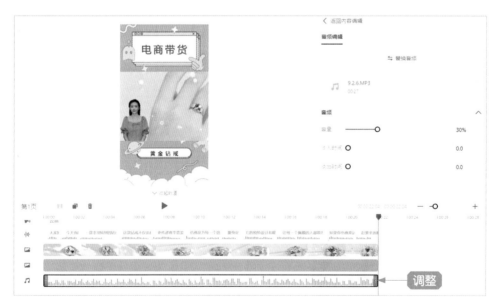

图 9-23

第10章

案例：制作《戏曲知识口播》数字人效果

学习提示

　　短视频的迅猛发展为各行各业提供了新的发展机遇，一些晦涩难懂的知识可以被制作成形式各异的短视频，不仅拓宽了传播渠道，更增加了观看的几率。而数字人的出现，则让短视频的制作变得更加便捷。本章就以《戏曲知识口播》这一视频为例，介绍使用剪映制作知识口播数字人效果的实战技巧。

10.1 图片展示，生成视频效果

《戏曲知识口播》视频的制作思路是，先在剪映中选择数字人模板，导入提前准备好的戏曲知识文案和戏曲视频素材，最后再添加字幕、贴纸、背景音乐等元素，丰富视频画面，效果展示如图 10-1 所示。

扫码观看效果

图 10-1

10.2 步骤介绍，制作视频效果

AI 数字人可以作为口播博主，以口播的形式传达相关知识。本节将以《戏曲知识口播》视频为例，介绍 AI 数字人作为口播博主的视频，制作出丰富广告宣传片的视觉效果。

10.2.1 生成数字人

扫码观看教学视频

使用剪映创建数字人，用户首先需要添加一个文本素材，这样才能看到数字人的创建入口，具体操作方法如下。

步骤 01 打开剪映专业版软件，进入"首页"界面，单击"开始创作"按钮，如图 10-2 所示。

图 10-2

步骤 02 执行操作后，即可新建一个草稿并进入剪映的视频创作界面，切换至"文本"功能区，在"新建文本"选项卡中，单击"默认文本"右下角的"添加到轨道"按钮 ，添加一个默认文本素材，此时可以在操作区中看到"数字人"标签，单击该标签切换至"数字人"操作区，选择相应的数字人后，单击"添加数字人"按钮，如图 10-3 所示。

步骤 03 执行操作后，即可将所选的数字人添加到时间线窗口的轨道中，并显示相应的渲染进度，如图 10-4 所示。数字人渲染完成后，选中文本素材，单击"删除"按钮 将其删除。

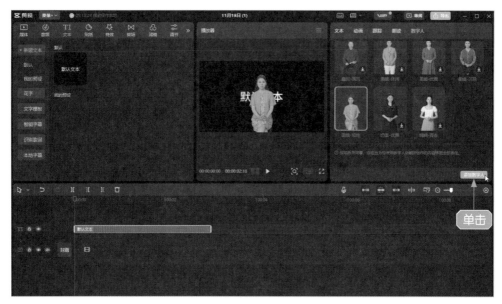

图 10-3

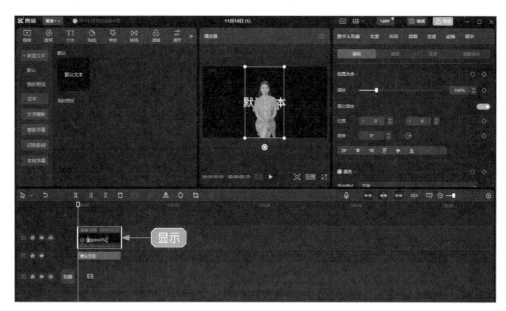

图 10-4

10.2.2　输入文案

生成数字人的视频文案，有两种方法：一是直接输入文案，二是使用剪映的"智能文案"功能。下面以第一种方法为例，为大家介绍具体的操作方法。

扫码观看教学视频

步骤 01 选择数字人素材，单击"文案"按钮，如图 10-5 所示，切换至"文案"

操作区。

步骤 02 输入相应的数字人文案，单击"确认"按钮，如图 10-6 所示。

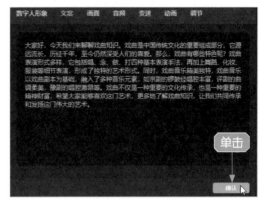

图 10-5   图 10-6

步骤 03 执行操作后，即可自动更新数字人音频，并显示渲染的进度，如图 10-7 所示。

步骤 04 稍等一会，即可完成数字人轨道的渲染，如图 10-8 所示。

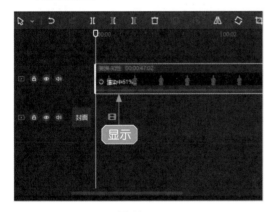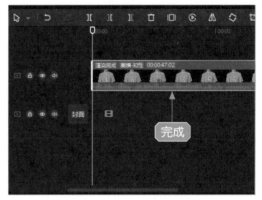

图 10-7   图 10-8

10.2.3 添加背景

剪映中数字人的背景大多是纯黑的，画面感不足，用户可以为其添加合适的背景效果，丰富视频的视觉效果，具体操作方法如下。

扫码观看教学视频

步骤 01 切换至"媒体"功能区，在"本地"选项卡中，单击"导入"按钮，如图 10-9 所示。

步骤 02 执行操作后，弹出"请选择媒体资源"对话框，选择背景图片素材，如图 10-10 所示。

图 10-9   图 10-10

步骤 03 单击"打开"按钮，即可将背景图片素材导入"媒体"功能区，单击背景图片素材右下角的"添加到轨道"按钮 ，如图 10-11 所示。

步骤 04 执行操作后，即可将素材添加到主轨道中，适当调整背景图片素材的时长，使其与数字人素材时长保持一致，如图 10-12 所示。

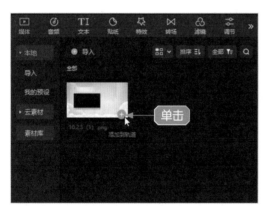

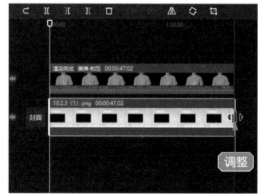

图 10-11   图 10-12

步骤 05 用同样的操作方法，导入一个装饰素材，将其拖曳至画中画轨道，并调整装饰素材的时长，如图 10-13 所示。

图 10-13

10.2.4　添加视频

扫码观看教学视频

《戏曲知识口播》这一视频的重点是介绍戏曲知识，所以用户还需要添加戏曲的相关视频素材，让画面内容更符合视频主题，具体操作方法如下。

步骤 01 在"媒体"功能区中导入一个戏曲视频素材，并将其拖曳至画中画轨道，如图 10-14 所示。

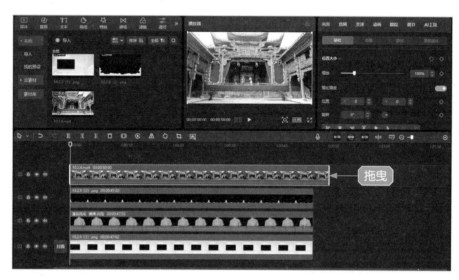

图 10-14

步骤 02 调整戏曲视频素材的时长，使其与其他素材的时长保持一致，如图 10-15所示。

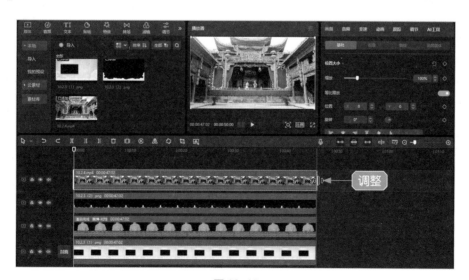

图 10-15

步骤 03 调整装饰素材在视频轨道中的层级，如图 10-16 所示。

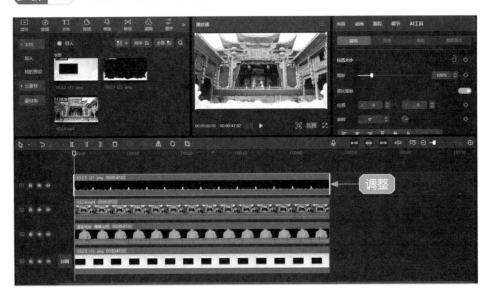

图 10-16

步骤 04 选择戏曲视频素材，在"基础"选项卡下的"位置大小"选项区中，设置"缩放"参数为 43%、"X 位置"参数为 −664、"Y 位置"参数为 −43，如图 10-17 所示，适当调整戏曲视频在画面中的大小和位置。

图 10-17

步骤 05 选择数字人素材，在"基础"选项卡下的"位置大小"选项区中，设置"缩放"参数为 120%、"X 位置"参数为 1006、"Y 位置"参数为 151，如图 10-18 所示，适当调整数字人在画面中的大小和位置。

图 10-18

10.2.5　添加字幕

用户可以给视频画面添加字幕，包括标题字幕和内容字幕，可以让观众在观看视频时更加清楚画面的主题和内容，具体操作方法如下。

扫码观看教学视频

步骤 01 在"文本"功能区中，切换至"文字模板"|"字幕"选项卡，选择一个合适的标题字幕模板，如图 10-19 所示。

图 10-19

步骤 02 单击"添加到轨道"按钮，将其添加到轨道中，并修改文本内容，如图 10-20 所示。

图 10-20

步骤 03 执行操作后，在"基础"选项卡的"位置大小"选项区中，设置"缩放"参数为 42%、"X 位置"参数为 -753、"Y 位置"参数为 652，如图 10-21 所示，适当调整标题字幕的大小和位置，调整标题字幕的时长，使其对齐主视频时长。

图 10-21

步骤 04 切换至"智能字幕"选项卡，单击"文稿匹配"选项区中的"开始匹配"

按钮，如图 10-22 所示。

图 10-22

步骤 05 执行操作后，弹出"输入文稿"对话框，输入字幕内容，单击"开始匹配"
按钮，如图 10-23 所示。

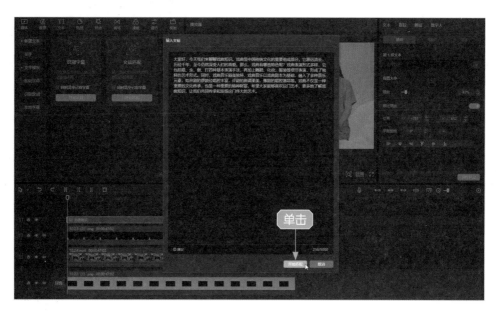

图 10-23

步骤 06 执行操作后，即可生成字幕，适当调整字幕在画面中的位置，如图 10-24
所示。

步骤 07 在"文本"操作区的"基础"选项卡中，选择一个合适的"预设样式"，如图 10-25 所示，即可改变字幕效果。

图 10-24　　　　　　　　　　　　　　　　图 10-25

步骤 08 执行操作后，切换至"动画"操作区中的"入场"选项卡，选择"向右集合"选项，并将其"动画时长"调整为最长，如图 10-26 所示，给字幕添加入场动画效果。

图 10-26

10.2.6　添加贴纸

给数字人视频添加贴纸效果，不仅可以突出视频的主题，同时还可以通过贴纸来和观众互动，吸引更多人的关注，具体操作方法如下。

扫码观看教学视频

步骤 01 切换至"贴纸"功能区，在搜索框中搜索"灯笼"，在搜索结果中选择一个合适的贴纸，单击"添加到轨道"按钮，如图 10-27 所示。

步骤 02 执行操作后，即可将其添加到轨道中，调整贴纸的时长，使其对齐视频素材的时长，如图 10-28 所示。

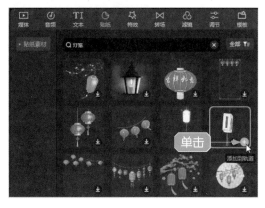

图 10-27

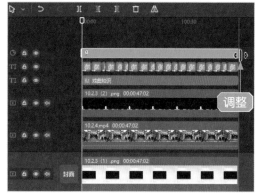

图 10-28

步骤 03 在"播放器"窗口中，适当调整贴纸在画面中的大小和位置，如图 10-29 所示。

步骤 04 按 Ctrl+C 组合键复制刚添加的贴纸素材，按 Ctrl+V 组合键进行粘贴，即可成功添加第 2 个贴纸素材，如图 10-30 所示，并适当调整第 2 个贴纸在画面中的位置。

图 10-29

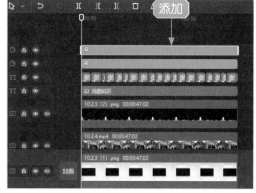

图 10-30

步骤 05 在搜索框中搜索"古风花"，在搜索结果中选择一个合适的贴纸，单击"添加到轨道"按钮 ⊕ ，如图 10-31 所示。

步骤 06 执行操作后，即可将其添加到轨道中，调整贴纸的时长，使其对齐视频素材的时长，如图 10-32 所示。

步骤 07 在"贴纸"操作区中，设置"缩放"参数为 34%、"X 位置"参数为 −1666、"Y 位置"参数为 −854、"旋转"参数为 −6°，如图 10-33 所示，调整贴纸在画面中的大小、位置和方向。

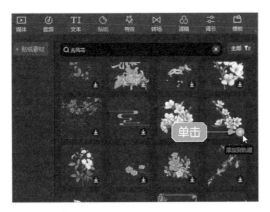

图 10-31

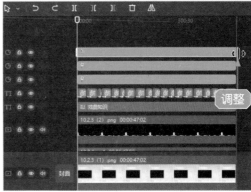

图 10-32

图 10-33

10.2.7　添加音乐

扫码观看教学视频

　　完成所有的操作之后，用户还可以给数字人视频添加一个合适的背景音乐，提升视频的氛围感和感染力，具体操作方法如下。

　　步骤 01　在时间线窗口中，单击戏曲视频素材前的"关闭原声"按钮，如图 10-34 所示，将戏曲视频中的声音关闭。

　　步骤 02　切换至"音频"功能区中的"音乐素材"选项卡，在搜索框中搜索"古风纯音乐"，在搜索结果中选择合适的音频素材，如图 10-35 所示，进行试听。

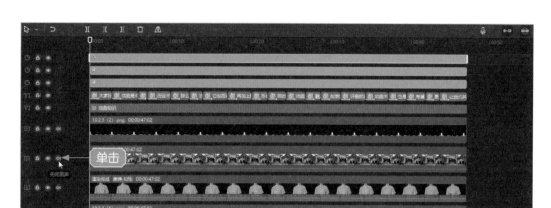

图 10-34

步骤 03 执行操作后，单击"添加到轨道"按钮 ，如图 10-36 所示，即可将音乐添加到音频轨道中。

图 10-35

图 10-36

步骤 04 调整音频素材的时长，使其与主轨道时长一致，如图 10-37 所示。

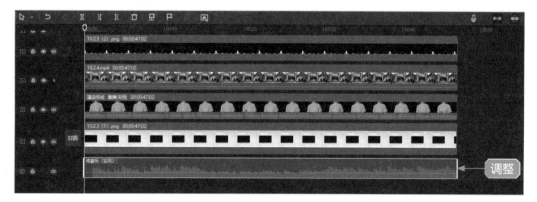

图 10-37

步骤 05 在"基础"操作区中，设置"音量"参数为 −5.0dB、"淡入时长"为 1.0s、"淡出时长"为 1.0s，如图 10-38 所示，适当降低背景音乐的音量，并为其添加淡入和淡出效果。

图 10-38

专家提醒

在音频编辑中，淡入和淡出是常见的音频效果，可以用来调整音频的起始和结束部分。淡入是指音频从无声渐渐到最大音量的过程，淡出是指音频从最大音量渐渐到无声的过程。

第11章

案例：制作《延时摄影攻略》数字人效果

学习提示

　　近年来，短视频行业呈现出爆发式增长，成为一种广受欢迎的内容形式，并逐渐取代长视频成为人们获取信息的主要途径。数字人可以变身为视频博主，轻松打造不同风格的虚拟网红形象。本章主要通过一个综合实例——《延时摄影攻略》，介绍使用剪映制作视频博主数字人的实战技巧。

11.1 图片展示，生成视频效果

《延时摄影攻略》视频的制作思路是，先在剪映中选择数字人模板和智能生成星空延时摄影技巧的文案，然后导入星空延时视频素材，最后再添加字幕、片头、贴纸、背景音乐等元素，丰富视频画面，效果展示如图 11-1 所示。

扫码观看效果

一项令人叹为观止的摄影技巧

星空延时摄影

就是通过长时间拍摄

形成一幅流光溢彩梦幻般的星空画面

捕捉到星空的变化

将多个照片拼接成一个连续的视频

来捕捉到不同位置的星空景象

又重新降临的美妙感觉

图 11-1

11.2 步骤介绍，制作视频效果

AI 数字人可以作为虚拟视频博主，为观众带来更加丰富的视觉体验的同时，还可以快速引流吸粉，在短视频行业获得更多收益。本节将以《延时摄影攻略》视频为例，介绍使用剪映快速生成和编辑 AI 数字人的操作方法。

11.2.1 生成数字人

扫码观看教学视频

用户可以通过剪映来创建数字人，在此之前，首先要添加一个文本素材，才能看到数字人的创建入口，具体操作方法如下。

步骤 01 打开剪映专业版软件，进入"首页"界面，单击"开始创作"按钮，如图 11-2 所示。

图 11-2

步骤 02 执行操作后，即可新建一个草稿并进入剪映的视频创作界面，切换至"文本"功能区，在"新建文本"选项卡中单击"默认文本"右下角的"添加到轨道"按钮⊕，添加一个默认文本素材，此时可以在操作区中看到"数字人"标签，单击该标签，切换至"数字人"操作区，选择相应的数字人后，单击"添加数字人"按钮，如图 11-3 所示。

步骤 03 执行操作后，即可将所选的数字人添加到时间线窗口的轨道中，并显示相应的渲染进度，如图 11-4 所示。数字人渲染完成后，选中文本素材，单击"删除"按钮⊡将其删除。

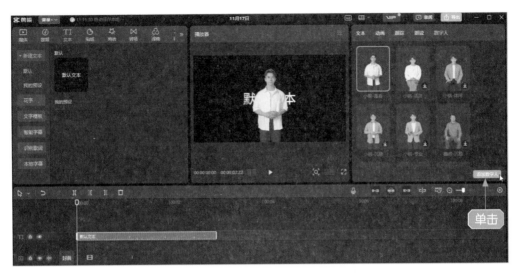

图 11-3

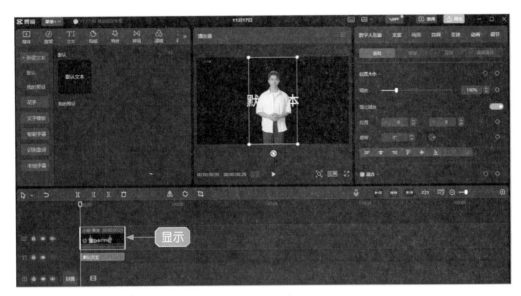

图 11-4

专家提醒

在"数字人形象"操作区的"景别"选项卡中，有 4 种景别类型可以选择，用户可以根据视频的主题和内容选择合适的景别。

11.2.2 生成文案

使用剪映的"智能文案"功能，可以一键生成数字人的视频文案，可以为用户节省大量的时间和精力，具体操作方法如下。

扫码观看教学视频

步骤 01 选择画中画轨道的数字人素材，切换至"文案"操作区，单击"智能文案"
按钮 ，如图 11-5 所示。

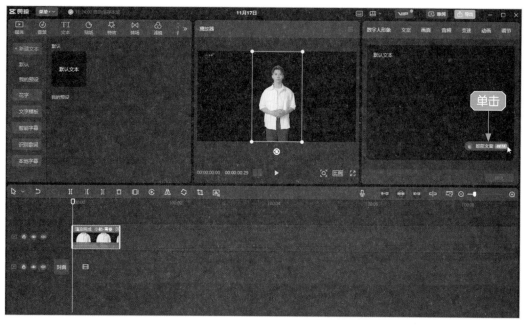

图 11-5

步骤 02 执行操作后，弹出"智能文案"对话框，单击"写口播文案"按钮，
确定要创作的文案类型，如图 11-6 所示。

步骤 03 在文本框中输入相应的文案要求，如"写一篇星空延时摄影技巧的文章，
300 字左右"，如图 11-7 所示。

图 11-6

图 11-7

专家提醒

在"智能文案"对话框中单击"写营销文案"按钮，输入相应的需求，可以一
键生成营销文案。

步骤 04 单击"发送"按钮 ，剪映即可根据用户输入的要求生成对应的文案
内容，如图 11-8 所示。

步骤 05 单击"下一个"按钮，剪映会重新生成文案内容，如图 11-9 所示，当生成令用户满意的文案后，单击"确认"按钮即可。

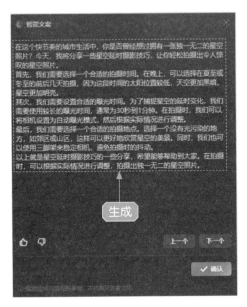
图 11-8

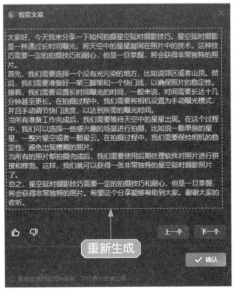
图 11-9

步骤 06 执行操作之后，即可将智能文案填入"文案"操作区，如图 11-10 所示。

步骤 07 对文案内容进行删减和修改，单击"确认"按钮，如图 11-11 所示。

图 11-10

图 11-11

步骤 08 执行操作后，即可自动更新数字人音频，并完成数字人轨道的渲染，如图 11-12 所示。

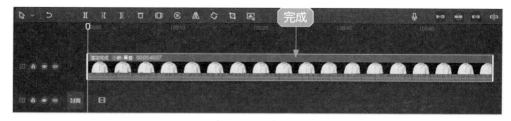

图 11-12

11.2.3 美化形象

使用剪映的"美颜美体"功能，可以对数字人的面部和身体等各
种细节进行调整和美化，以达到更好的视觉效果，具体操作方法如下。

扫码观看教学视频

步骤 01 选择画中画轨道的数字人素材，切换至"画面"操作
区中的"美颜美体"选项卡，选中"美颜"复选框，剪映会自动选中
人物脸部，设置"磨皮"参数为 25、"美白"参数为 12，如图 11-13 所示。"磨皮"
主要是为了减少图片的粗糙程度，使皮肤看起来更加光滑。"美白"主要是为了调整
肤色，使皮肤看起来更白皙。

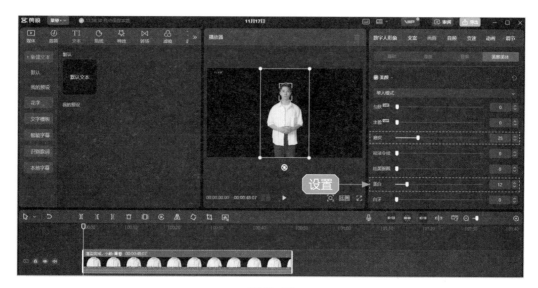

图 11-13

> **专家提醒**
>
> 通过剪映的"美颜美体"功能，用户可以轻松地调整和改善数字人的形象，包
> 括美化面部、身体塑形和改变身材比例等。这些功能为数字人的制作提供了多样化
> 的美化和编辑工具，能够让数字人更具吸引力和观赏性。

步骤 02 在"美颜美体"选项卡的下方，选中"美体"复选框，设置"瘦身"参数为 66，将数字人的身材变得更加苗条，如图 11-14 所示。

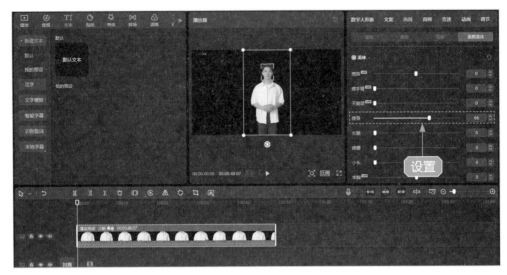

图 11-14

11.2.4 添加场景音

剪映中的每位数字人都自带专属的语音功能，我们可以为其更换不同的音色，使其更符合自己的喜好。除此之外，我们还可以为整个视频添加场景音，让观众产生身临其境之感，具体操作方法如下。

扫码观看教学视频

步骤 01 选择画中画轨道的数字人素材，切换至"音频"操作区的"声音效果"选项卡，如图 11-15 所示。

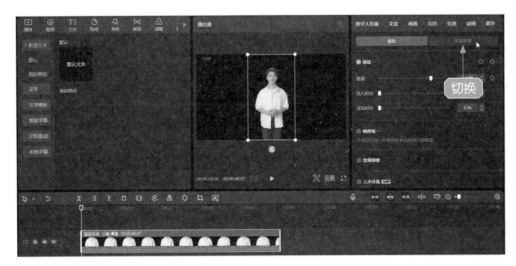

图 11-15

步骤 02 执行操作后，选择"麦霸"场景音，如图 11-16 所示。

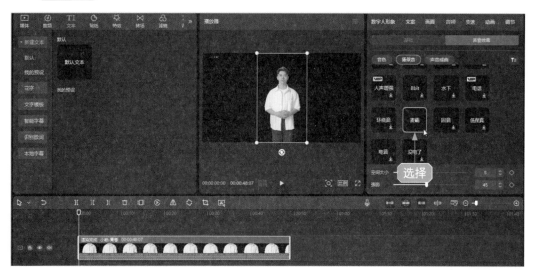

图 11-16

11.2.5 添加背景

剪映中的数字人有很多内置的背景素材，同时用户还可以给数字
人制作自定义的背景效果，具体操作方法如下。

扫码观看教学视频

步骤 01 切换至"媒体"功能区，在"本地"选项卡中单击"导入"按钮，如
图 11-17 所示。

步骤 02 执行操作后，弹出"请选择媒体资源"对话框，选择相应的背景图片素
材，如图 11-18 所示。

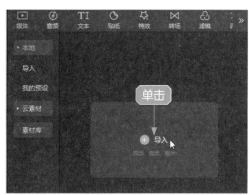

图 11-17

图 11-18

步骤 03 单击"打开"按钮，即可将背景图片素材导入"媒体"功能区，单击
背景图片素材右下角的"添加到轨道"按钮，将素材添加到主轨道中，如图 11-19

所示。

图 11-19

11.2.6　添加视频

扫码观看教学视频

除了可以添加图片素材，用户还可以在剪映中导入视频素材，使其与数字人相结合，丰富画面内容，具体操作方法如下。

步骤 01 使用 11.2.5 节的操作方法，在"媒体"功能区中导入一个星空延时视频素材，并将其拖曳至画中画轨道，如图 11-20 所示。

图 11-20

步骤 02 将主轨道中的背景图片素材时长调整为与星空延时视频一致，选择数字人视频素材，切换至"变速"操作区，在"常规变速"选项卡中，将时长设置为与星空延时视频一致，如图 11-21 所示，如与其他轨道素材时长还是不一致，可手动调整。

图 11-21

步骤 03 选择画中画轨道的星空延时视频素材，切换至"画面"操作区的"基础"选项卡，在"位置大小"选项区中设置"缩放"参数为 67%、"X 位置"参数为 341、"Y 位置"参数为 18，如图 11-22 所示，适当调整星空延时视频在画面中的大小和位置。

图 11-22

步骤 04 选择数字人素材，设置"X 位置"参数为 −1476、"Y 位置"参数为 0，如图 11-23 所示，适当调整数字人在画面中的位置。

图 11-23

11.2.7 添加字幕

使用剪映的"智能字幕"功能，可以一键给数字人视频添加同步字幕效果，具体操作方法如下。

扫码观看教学视频

步骤 01 切换至"文本"功能区，单击"智能字幕"按钮，如图 11-24 所示。

步骤 02 执行操作后，切换至"智能字幕"选项卡，单击"识别字幕"选项区中的"开始识别"按钮，如图 11-25 所示。

图 11-24

图 11-25

步骤 03 执行操作后，即可自动识别数字人中的文案，并生成字幕，适当调整字幕在画面中的位置，如图 11-26 所示。

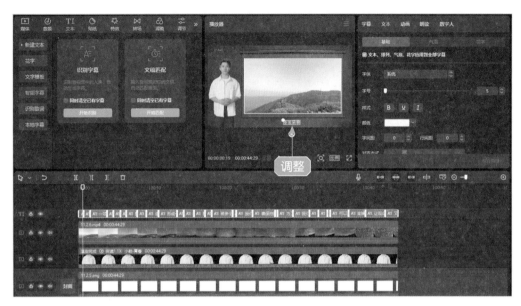

图 11-26

步骤 04 在"文本"操作区的"基础"选项卡中，选择一个合适的"预设样式"，如图 11-27 所示，即可改变字幕效果。

步骤 05 执行操作后，切换至"动画"操作区中的"入场"选项卡，选择"向上露出"动画，并将其"动画时长"设置为最长，如图 11-28 所示，给字幕添加入场动画效果。

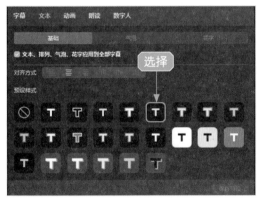

图 11-27

图 11-28

11.2.8 增添元素

给数字人视频添加片头和贴纸效果，不仅可以突出视频的主题，同时还可以通过贴纸来和观众互动，吸引更多人的关注，具体操作方法如下。

扫码观看教学视频

步骤 01 在"文本"功能区中切换至"文字模板"|"片头标题"选项卡，选择一个合适的片头标题模板，单击"添加到轨道"按钮 ⊕，将其添加到轨道中，并修改文本内容，如图 11-29 所示。

图 11-29

步骤 02 执行操作后，适当调整片头标题在画面中的位置，如图 11-30 所示。

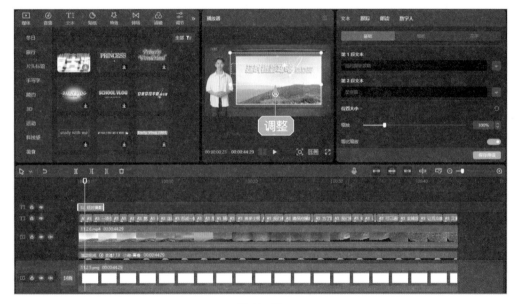

图 11-30

步骤 03 拖曳时间轴至相应位置，在"贴纸"功能区中切换至"互动"选项卡，选择一个合适的贴纸，单击"添加到轨道"按钮 ⊕，将其添加到轨道中，调整贴纸末端对齐主轨道的末端，如图 11-31 所示。

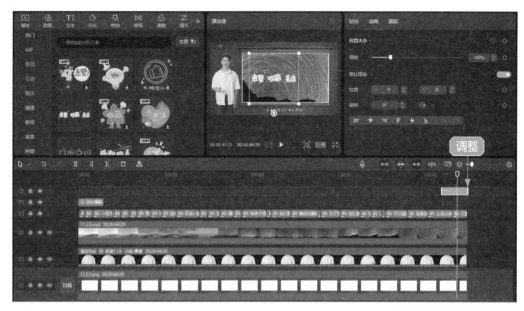

图 11-31

步骤 04 在"播放器"窗口中适当调整贴纸的位置和大小，如图 11-32 所示。

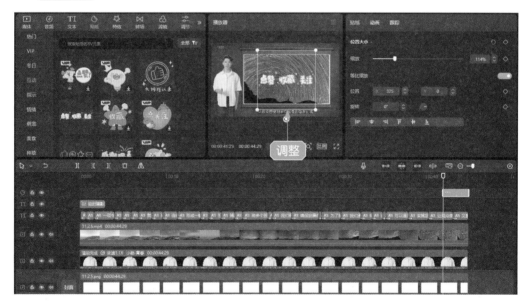

图 11-32

11.2.9 添加音乐

给数字人视频添加背景音乐效果，可以提升视频的感染力和观众的观看体验，具体操作方法如下。

扫码观看教学视频

步骤 01 检查星空延时视频中有没有声音，如果不确定，可以直接在时间线窗口中单击画中画轨道前的"关闭原声"按钮 🔊，如图 11-33 所示，将星空延时视频中的声音关闭。

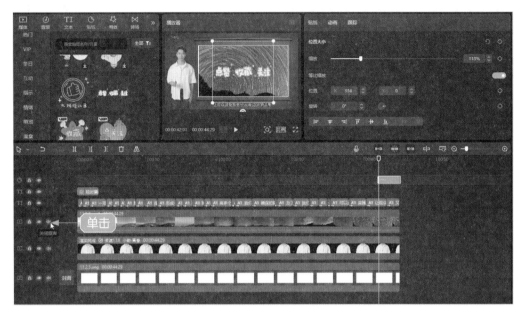

图 11-33

步骤 02 拖曳时间轴至起始位置，展开"音频"功能区中的"音乐素材"选项卡，在"纯音乐"选项卡中，选择相应的音频素材，进行试听，如图 11-34 所示。

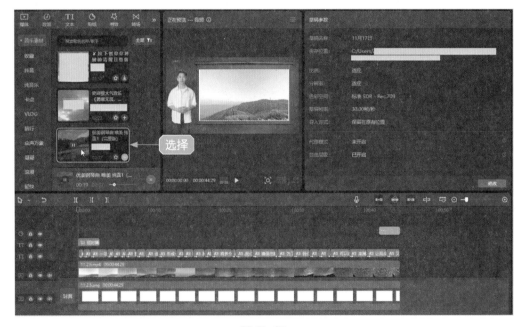

图 11-34

步骤 03 执行操作后，单击"添加到轨道"按钮 ，如图 11-35 所示，将音乐添加到音频轨道中。

图 11-35

步骤 04 调整音频素材的时长，使其与主轨道时长一致，如图 11-36 所示。

图 11-36

步骤 05 在"基础"操作区中，设置"音量"参数为 -8.0dB，适当降低背景音乐的音量，如图 11-37 所示。

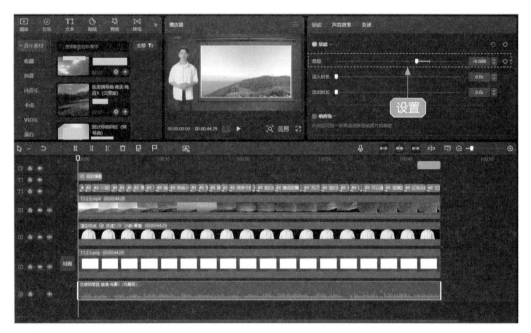

图 11-37

步骤 06 设置"淡入时长"为 1.0s、"淡出时长"为 1.0s，为其添加淡入和淡出效果，如图 11-38 所示。

图 11-38